太陽黒点と気候・社会変動

住田 紘 著

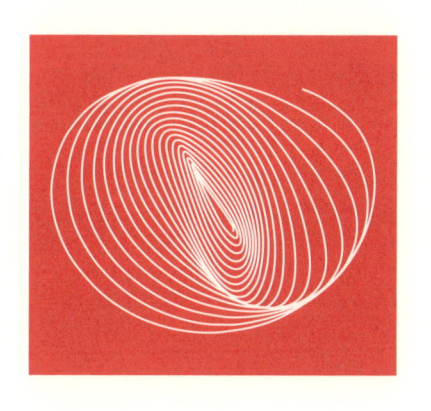

ナカニシヤ出版

はじめに

　ここで用いる太陽黒点数データは、普通に参照する場合、その信頼性という面から、3つの時系列概念を前提にしている。

(1) （太陽黒点数：月次データ）
　太陽黒点数変化と、気象変化、景気循環などを比較する場合、月次データが必要になるが、1949年1月頃からのデータが信頼性にたると考えられる。科学分野の環境整備、ならびに社会変動や経済状況変化などの条件整備を勘案して、一連のデータとしては1950年頃からが適当と考えられる。

(2) （太陽黒点数：年次データ）
　『理科年表』(丸善)などで公表されている、1700年頃から現代にかけての期間を、年次データとして使用するのが、信頼性という点から適当といえよう。ただし、正確には、チューリッヒ番号のついている期間、18世紀中葉からの年次観測データが確信できる期間になる。(Eddyの見解を取り入れると1600年頃から)

(3) （太陽黒点数：10年平均値）
　経済・社会変動や歴史的過程における気候変動などとの比較においては、木の年輪分析などから得た太陽活動・太陽黒点数の復元推定値を用いることも許されよう。よって、当該分野に関しては、推測部分を含む試論の形式になる点を事前に断っておく必要がある。

　しかし、太陽黒点数データは、気候変化や社会変動、そして生態系変化指標などとも比較する場合があり、数百年規模のデータが必要とされている。
　相対的ながら、太陽活動が活発なときは、地球上の北半球あたりが、気候温暖な時期、太陽活動が弱い時は、相対的な気候寒冷期と考えられている。
　これらは、普通、木の年輪測定分析などから得られた炭素14の解析を基に復元されているが、歴史的年代の気候環境などの推定に使用されている。こう

した分析結果を踏まえて、その結果を太陽活動、太陽黒点数変動に反映させている状況といえよう。

このように、当該分野の長期統計には、おのずから一つの制約があり、18世紀以前の太陽黒点数変動は、明確には分かっていない。「10年平均値」を適用している期間である。

こうした点を断った上で、ここでは、太陽黒点数長期変動について、太陽黒点数10年平均値データ（高橋浩一郎『生存の条件』毎日新聞社）を、基準とした統計データを使用し、その処理結果を提示する。そして、10年平均値の2期移動平均を使用している場合が多い。当該分野でデータを扱う場合、幾つかの概念区分が必要と考え、時系列に沿った、複数の概念区分と条件を提示しておきたい。

なお、こうした関係で、もうひとつむつかしいのは、太陽黒点数極小期の介在であると考える。マウンダー極小期（1645～1715年頃）は、その代表のような期間であろう。黒点観測値がゼロに近いというような、太陽活動の弱い時期が、数十年も持続すると、全体の水準推移、そのものがあいまいになる可能性をもつと考える。

これまで主として扱った期間は、18世紀中葉から21世紀初頭であった。太陽黒点数変動の周期性や変動特性を、気候、景気・経済変動、社会変動と比較しながら、その類似性などについて考察してきた。そして一部は、『理科年表』に公表されている期間：1700年頃からの変動周期に関する処理を対象にした。

また、歴史的年代に至る範疇に関しては、太陽黒点数10年平均値データで認識し、2期移動平均などを併用して、太陽黒点数長期変動の大まかな変化を把握し考察してきた。

その場合、具体的な変動特性を比較考察することは少なかったので、ここでは、900～1800年頃の10年平均値における、太陽黒点数長期変動を主に取り上げてみたい。

このような太陽黒点数超長期変動に、規則性や周期性のようなものが見出せるであろうか。あえて指摘すれば、極小期が集中する時期、14世紀半ば過ぎにおける、大振幅期の単峰などが特徴と考える。

ところで、この分野を扱う場合、気候環境と太陽活動（太陽黒点数変化）について述べる場合が多い。IPCC報告書などを参照してもそうである。歴史上の、人間社会活動動向、経済・社会変動は、生産・収穫変動などと合わせて、気候の影響を何らかの形で反映している。中世温暖期や、小氷期などの概念区分も、時代背景を考慮すれば、多くは、ヨーロッパの歴史的統計資料の集成によると考えられる。

　しかし、素人にとって、これらを総合的に把握し、太陽黒点変動と比較することは無理が多い。よって、ここでは、太陽黒点数の長期変動を追うことを旨とする。これは、情報開示されている復元気温変動、気候変動の概念区分とは必ずしも整合しない。この点をご理解賜り、お許しいただきたいと思う。

　そして、太陽黒点数は、約11年周期で変動しており、その周期性がはっきり崩れると、温暖化、寒冷化など、地球の半球規模における気候変化の兆候に関わる場合が多いとされる。しかし、それは直接的な関係ではなく、近年の通説では次のように理解されていると考えられる。

　例えば、太陽活動が弱まると、太陽の磁場が弱まり黒点数も少なくなる。それは太陽風の弱まりとして磁力線の影響を地球へ及ぼす。地球にも磁気圏があるものの、太陽風や宇宙線の影響は受けている。太陽風が弱まると、宇宙線の影響が相対的に強くなり、これによって雲の量が増えることが知られている。その結果、相対的に太陽光をさえぎる形になって、気候寒冷化の作用がはたらく。これは、太陽活動の弱まっている黒点数の少ない時期に生じる現象であり、宇宙線が地球の磁気圏へ比較的多く入ってくる関係から、雲量が相対的に多くなる時期と考えられる。

　なお、図表提示においては、時系列年を可能な限り連続表示するように努めた。見苦しく、表現上の問題もあるが、万一、黒点の変動性や周期性などに関心をもたれる方がいた場合、拡大してでも、この方がよいと思っているためである。愚直と鈍感を地でいくような表現であるが、ひとこと言葉を添えて、ご了承いただきたい。

太陽黒点数長期変動の約100年周期：各10年頃

　以前から指摘してきたように、太陽黒点数長期変動は、小振幅期の約100年と、大振幅期の約100年が、14世紀以降繰り返していると考える（その画期が各100年紀の10年頃と考えた）。

　中世極大期の後から、このような大・小振幅期の100年周期が、大まかながら繰り返しているとすれば、それはひとつの周期性と考えられる。

　太陽黒点数長期変動は、約100年ごとに定期的な谷をしるす変動をしていると考える。高い山（大振幅）や、低い山（小振幅）と、いろいろあっても、それぞれに谷をなし、それが約100年ごとの10年前後に形成されていると考える。これは、太陽黒点数約11年周期の谷から谷周期、各10年頃がゼロ水準近傍へ収束傾向を示す約100年周期になることと符合している。1700年以前については、10年平均値における予測である。太陽黒点の100年周期は、このような形で強調してよいと考えられる。

太陽黒点数長期変動の約200年周期：各80年頃

　また、太陽黒点数長期変動は、大振幅の約100年と小振幅の約100年を14世紀以降、繰り返しており、大まかな規則性のような周期になっていると考える。そうすると、大・小2つをセットで1つの周期とみることも可能であろう。歴史的過程では、大・小振幅共に80年頃がその特徴をあらわすと考えられる。（年次データで処理した1780〜1980年の変動周期の特色から、過去を類推している）

　太陽黒点数長期変動には、こうした複合型変動（100年周期、200年周期）が介在しており、更に言及すれば、太陽黒点数極小期が、当該対象期間を代表しているという見方も出来よう。

　なお、極小期の介在が目立つ点で、当該期を指摘したが、それは、オールト極小期、ウォルフ極小期、シュペーラー極小期、マウンダー極小期である。

　後者2つは、特に地球上の相対的寒冷化の時期に符合することでも知られる。太陽活動の指標たる太陽黒点数変化と、地球上、北半球規模の気候変動を、直接結びつける訳にはいかないが、歴史上の記録や、風景絵画の情景などから、ヨーロッパで、当該期の冬に、一部、河川の凍結や氷河の前進などがみられ、寒冷な気候が支配的であったことが知られている。それが太陽黒点数極

小期の時期に符合してくる場合が多いと考える。

このように見てくると、波及過程メカニズムという、物理的関係を省略した場合、太陽黒点数極小期は、波動形状の類似性などに照らし、大まかに地球上の小氷期と符合してくる場合が多いと考えられる。

太陽黒点数長期変動 1380 年頃（1360 〜 80 年頃）の特徴

太陽黒点数長期変動（900 〜 1800 年頃）をよく見ると、大・小振幅期の、各 100 年規模の周期性のなかで、大振幅期は、山が 2 峰形式になっていることが多い。しかし、1380 年頃は、単峰形式という特徴が認められる。期間周期性などに照らし、この変化に何かが介在すると考えている。

(1) 900 〜 1700 年頃にかけて、太陽黒点数長期変動のトレンドは、ゆるい下降趨勢をもっている。なお、その後、2000 年頃にかけては、上昇趨勢に変わっている。

(2) この傾向を調整する意味で、次のように単純化して考える。1380 年頃に、太陽黒点数長期変動が、下方へ 10 程度垂直遷移しているという見方をしている。

このようにして、1380 年頃が、太陽黒点数長期変動の基準転換期と考える。そして、2 つの手法で見てゆくのもひとつの方法と考える。

太陽黒点数長期変動の 900 〜 1380 年頃を、基準期 1380 年頃で、右へ折り返した場合、逆時系列変動が示される。そのタテ目盛を 10 程度下方に引き下げて、元々の、正時系列太陽黒点数長期変動、1380 〜 1800 年頃と比較してみると、全体として、大まかな類似性をもった関係がうかがえると考える（大振幅期の変動格差は別におく）。

これは太陽黒点数長期変動が、ある種の大まかな規則性をもって変動していることに近いと考えられる。

つまり、当該期の約 400 年の期間において、大・小振幅期を合わせた 200 年間が、2 つ経過し、変動転換期の 1380 年頃に、下方遷移（10 程度）が生じて以後、それまでの変動が、逆時系列変動の傾向を含んで推移している関係である。

なお、基準期を 180 度回転した場合の比較は次のようになる。正目盛における 1380 〜 1800 年頃の時系列変動に対し、回転局面は、逆時系列・逆変動に

なって、ボックス図を形成してくる。特徴は、大振幅期の2峰形成の山が補完状態になって、凹凸形で組み合わさり、柱状の壁になってくる関係である。

また、小振幅期は、逆サイクル状になって、各極小期が対応する形になっていることに気付く。このことから、シュペーラー極小期、マウンダー極小期は、それぞれ、オールト極小期、ウォルフ極小期の逆サイクルとしてあらわれている関係が読み取れると考える。U字形、V字形の特徴も類似していると考える。

つまり太陽黒点のシュペーラー極小期、マウンダー極小期は、前二者にあたる極小期の逆時系列、逆サイクルで生起しているという試論を展開する。大振幅期をはさんだ関係であるから、その点についての留意も必要になってくる。

太陽黒点変動の短期・中期・長期変動の類型化

なお、第1章において、過去に述べてきた太陽黒点数変動と気象・経済変動、気象・社会変動などに関する特異な構想の類型化を提示しておきたい。いきなり超長期変動を展開するわけにもいかず、短期循環、準5年周期、中期循環、長期循環、長期波動規模のものを幾つか示しておくことが必要と考える。

例えば、気象と太陽黒点の関連可能性について、エルニーニョとの関係については、かなり議論されているが、ラニーニャとの関係については少ない。こうした補足点などを示唆しておきたい。

そして太陽黒点数長期変動については、55年期間周期と6n期の介在を可能性として指摘し、6n期が、どのような意義をもっているのかなどについても試論を展開する。

また、歴史的過程は、経済変動や気候変動などを反映しながら、社会変動を介して維持されている。波動類似性など、何か特徴ある時期に、大きな事象が対応する関係について、幾つかの点に言及してみたい。

太陽黒点数約11年周期における事後的予測について

太陽黒点周期に関する基本は、やはり黒点数約11年周期にあると思う。その変動は、山の変動として種々の観点から考察されている。この考察には2つの方法があると考える。ひとつは、その山だけを取り出して、山から山の変動

や周期性を考察する方法である。ふたつには、黒点数約 11 年周期全体の変化における頂としての山を比較考察する方法である。試みとして、この両方に関心をもち試論を展開してみよう。

　大まかな傾向を把握してみる程度のことかもしれないが、黒点数約 11 年周期の山から山の変動を展望し、可能ならば事後的であれ、予測に関する考察を試みてみたい。

　なお、これまで太陽黒点数約 11 年周期には、谷から谷の変動もあると指摘してきた。太陽黒点の約 100 年周期を指摘したのも、この谷の変動が基になっていたと思う。また、谷から谷の変動においても、谷値だけを取り出して、谷から谷の変動や周期性を考察する方法があると考える。これらについて、少し大胆な仮説を展開してみたい。そして事後的であれ、予測を含む関係の示唆になればと考えている。

　これは、ある意味で黒点数約 11 年周期の谷の変動と山の変動をつながった関係で認識する糸口になるもので、その相互関係についても展望してみたい。

4 つの概念について

　小論の展開過程で、大きく混乱するとおもわれる箇所がある。それらについて、幾つかの点を示しておきたい。

⑴　太陽黒点数の約 100 年周期という場合、基本になっている概念は、太陽黒点数約 11 年周期の谷から谷サイクルにおいて、ゼロ水準近傍に収束傾向を示す 100 年周期である。この点を強調しておきたい。各 10 年頃がそうである。これは、太陽黒点数長期変動にも影響している。

　　だから、ごく普通に長期変動を導けば、それくらいの周期性は出てくるだろうという認識から、何故、そのようなものにこだわるのかに関わる混乱である。何か言いたいことがあるのだろう、ということで、許していただきたい。一本のトレンドに関わる内容を展開している。

⑵　太陽黒点数長期変動に関心をもつと、素人なりに、シュペーラー極小期や、マウンダー極小期などが、変動周期上、どのように生じたのかなどに思いがひろがってくる。因果関係はわからないので、変動や周期性という観点に絞って、これらが、オールト極小期、ウォルフ極小期の、逆サイク

ルに関わっている可能性を述べてみたい。それは、逆時系列・逆変動との組み合わせが、特殊な関係になっていると考えるからに他ならない。

(3) 太陽黒点数周期は、これまでNO.1からNO.23の過程で把握され、現在、NO.24の途中を経過・推移している。ここで、6の倍数期にあたる約11年周期(6n期)は、NO.6, NO.12, NO.18. NO.24の各シュワーベ・サイクルである。この6n期を略してみると、太陽黒点数周期は、55年の期間周期が、ほぼ規則的に並んでいる関係になっていると考えられる(周期年は移動平均のため前後1年を許容する)。よって、太陽黒点周期、NO.1からNO.24は、55年＋6の倍数期の約11年が、繰り返していると簡略化されよう。そして6n期は、太陽黒点数長期変動の変動転換期に対応することが多いと考える。この期間に、経済・社会変動の発生が比較的多いという特徴も目につく。そうした特色をもつ6n期の循環性、変動性の意義について述べてみたい。

(4) 太陽黒点数変化を、200年程度のタイム・スパンで、正時系列変動と、逆時系列・逆変動で対応させ、対応基準期で、正・逆時系列変動を比較してみると、ボックス図のような関係になる。

そのとき、太陽黒点数20年移動平均による長期変動で見た場合、太陽黒点数長期変動は、約40年ごとに変動方向を変えている可能性について指摘している。一方で、太陽黒点数約11年周期の、谷から谷周期でみた場合、そうした概念に言及していない。こうした特性をことわっておきたい。

なお、ボックス図に近い正・逆太陽黒点数変動図において、対応期(小振幅期)が、空白域になる期間を含む特色、(振幅が小さいのだから、逆にすれば、平均に比べ小さい、よって空白になる。この3段論法は先に示しておきたい)に対し、それ以外の期間における変動は、逆サイクルで補完性をもった変動をしているように感じられるところがある。一部、ジグソー・パズルを埋め合わせるように、逆サイクルの軌跡が、補完的に空白域を埋めてあらわれるイメージがあり、太陽黒点変動が、ある期間、ある時期を境に、逆時系列・逆変動を示すような関係を示唆できないか、いろいろ述べてみたことにより混乱がみられる。模索の部分を大目に見ていただきたい。

こうした諸点を提示し、ときに18世紀から20世紀といい、ときに14世紀から19世紀といい、はたまた、10世紀から21世紀初頭という勝手を、事前にお許しいただきたい。

　なお、太陽活動の周期性と景気循環については、次の文献に詳しい。嶋中雄二『太陽活動と景気』(日本経済新聞社)、を参照されたい。太陽活動周期に関する正統派の諸理論、並びに景気循環との周期性比較や類似性概念の説明、そして、これらにかかわる詳細な考察と検証がなされている。こうした点をことわった上で、幾つかの試論を展開してみたい。副題に代わることばは、太陽黒点数変動のある種、規則性にかかわる考察である。

　2012年3月11日

　　　　　　　　　　　　　　　　　　　　　　　　　住　田　紘

もくじ

はじめに ─────────────────────────────── i

❶ 太陽黒点数周期の諸類型　　　　　　　　　　　　　　　　1

1-1　短期循環から長期変動の類型 ──────────────── 1
1-2　太陽黒点数約11年周期と前期比増分、そして地球上の
　　　南方振動指数(SOI)の関係(エルニーニョ発生との相関性)を考える ── 2
1-3　太陽黒点数約11年周期と同増分、
　　　そして南方振動指数(SOI)の関係 ─────────────── 5
1-4　太陽黒点と日本の景気循環 ─────────────────── 8
1-5　太陽黒点数約11年周期と前期比増分、そして南方振動指数と
　　　米国(先進世界)の経済成長率について ──────────── 10
1-6　太陽黒点数の約22年周期と
　　　日本の経済成長率における長期循環について ──────── 12
1-7　太陽黒点数の10年移動平均と長期波動について(50〜60年周期) ── 14
1-8　太陽黒点数の約100年周期と6n期の概念について ──────── 15
1-9　太陽黒点数の約100年周期について ──────────────── 16
1-10　太陽黒点数の長期変動:約100年・約200年周期について ────── 17

❷ 太陽黒点数長期変動の概要　　　　　　　　　　　　　　　20

2-1　900〜1800年頃の太陽黒点数長期変動 ─────────────── 20
2-2　太陽黒点数の約100年周期と約200年周期について ─────── 20
2-3　太陽黒点数長期変動(移動20年)の特徴 ──────────────── 23
2-4　太陽黒点数20年移動平均における正・逆長期変動の特徴 ────── 24
2-5　太陽黒点数の約100年周期について─太陽黒点数約11年周期の
　　　谷を取り出した谷から谷の周期── ─────────────── 25
2-6　1700年以前の太陽黒点数変動と10年平均値 ─────────── 28

2-7 太陽黒点数長期変動における 6n 期 ———————————— 28

3 太陽黒点数の長期複合変動（10 年平均値基準） 30

3-1 太陽黒点数 10 年平均値変動の諸類型 ———————————— 30
3-2 14 世紀からの太陽黒点数長期変動 100 年・200 年周期について —— 32
3-3 年次データにおける 100 年周期：各 10 年頃 ———————————— 33
3-4 太陽黒点数 10 年平均値の複合循環 ———————————————— 35
3-5 太陽黒点数 10 年平均値における 100 年・200 年周期要説 ———— 36
3-6 太陽黒点数 200 年周期と各 10 年・80 年頃再説 ———————— 38
3-7 太陽黒点数 6n 期と 55 年周期 ———————————————————— 39
3-8 6n 期とひし形状の循環性について ———————————————— 40
3-9 太陽黒点数長期変動 900 ～ 1800 年頃について ———————— 41
3-10 太陽黒点極小期は変動周期上どのように生じたか ———————— 43
3-11 太陽黒点数長期変動と前期比増分変化（1300 ～ 2010 年頃）—— 48
3-12 太陽黒点数約 11 年周期における谷の周期（谷から谷の約 100 年周期と
 逆時系列・逆変動との比較：対応期 1901 年頃）———————— 49
3-13 予測可能期間 1933 ～ 2009 年頃について（谷の変動）———— 53
3-14 太陽黒点極小期のあらわれ方に関する試論 ———————————— 54
3-15 太陽黒点数極小期：マウンダー極小期の特徴に関する所見 ———— 55

4 太陽黒点数の 100 年・200 年周期と気候・社会変動 59

4-1 各 80 年頃と 200 年周期 ———————————————————————— 59
4-2 200 年周期 ———————————————————————————————— 59
4-3 太陽黒点極小期の時代 ———————————————————————— 61
4-4 大きな不況期における太陽黒点数谷期変動の特徴 ———————— 64
4-5 太陽黒点数 100 年周期と社会変動 ———————————————— 66

5　太陽黒点数長期変動と 6n 期の循環性について（1700～2010 年）　74

- 5-1　1880 年頃の反転図と 6n 期 ———————————————— 74
- 5-2　6n 期のイメージと太陽黒点数長期変動 ————————————— 77
- 5-3　覇権国家交替周期と太陽黒点数水準 —————————————— 79
- 5-4　太陽黒点数 6n 期の長期循環性にかかわる試論について ————— 80

6　太陽黒点数の予測に関する構想試案　84

- 6-1　太陽黒点数長期変動（20 年移動平均）の場合 ————————— 85
- 6-2　太陽黒点数約 11 年周期における山の変動（10 年移動平均で代替）—— 86
- 6-3　太陽黒点数約 11 年周期における谷の変動を使用した谷の予測事例 —————————————————————————————— 87
- 6-4　太陽黒点数約 11 年周期における山の場合における予測 ————— 91
- 6-5　太陽黒点数約 11 年周期における山について、その正時系列と逆時系列・逆変動における場合の予測 ————— 93
- 6-6　太陽黒点数 10 年平均値の長期正時系列変動と逆時系列・逆変動における予測 ————————————————————————— 95
- 6-7　太陽黒点数の約 100 年周期について再考 ———————————— 96
- 6-8　太陽黒点数約 11 年周期でみる山から山の変動予測について（1800～1970 年頃）————————————————————— 99
- 6-9　太陽黒点数約 11 年周期変動とその山から山変動についての構想(1) ———————————————————————————— 102
- 6-10　太陽黒点数約 11 年周期変動とその山から山変動についての構想(2) ———————————————————————————— 104

7　これまでの考察再考　106

- 7-1　なぜ 14 世紀後半が基準なのか ————————————————— 106
- 7-2　空白域をもつ正・逆変動図について —————————————— 107

7-3　太陽黒点数約100年周期についての特徴 ──────────── 111
7-4　太陽黒点数約11年周期の谷から谷周期と山から山周期の
　　　傾向線について ─────────────────────── 111
7-5　太陽黒点数20年移動平均において変動方向を変える
　　　約40年周期について ───────────────────── 114
7-6　太陽黒点数約11年周期における期間の長さと
　　　同谷期の黒点数水準の比較 ─────────────── 116
7-7　太陽黒点数長期変動と5つの極小期 ──────────── 119
7-8　気候災害と太陽黒点 ─────────────────── 120
7-9　気候変動・地球環境保全への想い ─────────── 122

　あとがき ──────────────────────────── 131
　図表一覧 ──────────────────────────── 137

1 太陽黒点数周期の諸類型

1－1 短期循環から長期変動の類型

　太陽黒点数周期には、基本的な約 11 年周期があるが、この周期を基準に大まかな概念区分において、短期循環、中期循環、長期変動の類型化をはかってみよう。

　概略の指標であるから、循環や周期に関する詳細については、お許しいただきたい。次のような類型化が考えられる。

(1) 太陽黒点数増分におけるゼロ水準近傍収束と、エルニーニョ発生サイクルの 3～4 年周期。

(2) 太陽黒点数約 11 年周期と、その前期比増分変化における、定期的ゼロ水準収束周期、準 5 年周期。（比較的大きなエルニーニョ発生サイクルと考える）

(3) 同上、変曲点ゾーンを基準にした準 5 年周期（上に凸の 2 次関数に近い 11 年周期は、それぞれ高さが違うから、大まかに上昇、下降各変曲点ゾーンでこれをカバーした場合、ゾーンより上・下の各準 5 年周期が示される）。

(4) 基準となる太陽黒点数約 11 年周期。これは、18 世紀中葉からチューリッヒ番号がついており、太陽黒点数の基本周期である。

(5) 太陽黒点数約 22 年周期：ヘール・サイクル。これは、経済の長期循環クズネッツ・サイクルなどと比較されることが多い。

(6) 太陽黒点数約 50 60 年周期。この太陽黒点数長期波動は、コンドラチェフ波などとの対応・類似性が議論されている。

(7) 太陽黒点数約 11 年周期の谷から谷への変動は、ほぼ 100 年周期でゼロ水準近傍に収束すると考える（各 10 年頃）。また、太陽黒点数長期変動は、14 世紀あたりから、大振幅期と小振幅期において、それぞれ 100 年規模の変動を繰り返している。各 10 年前後の時期がそうである。なお、経済・社会変動では、モデルスキー・サイクルが同規模といえる。

(8) 太陽黒点数約 200 年周期。大振幅期と小振幅期は、ひとつの周期として把握することも可能であり、大・小振幅期の 80 年頃が重要になってくると考えられる。これらの概要を提示しておきたい。

(9) 太陽黒点数周期、NO23 の谷は、2008 年（『理科年表』）であるが、ここでは 09 年を使用した。こうした関係を踏まえ、太陽黒点数の短期循環から長期変動へ向けて順に、これまでの要点を提示しておきたい。いきなり長期変動へ入るのは、唐突の感を禁じえない。

1-2　太陽黒点数約 11 年周期と前期比増分，そして地球上の南方振動指数(SOI)の関係（エルニーニョ発生との相関性）を考える

この図から、太陽黒点数変動と地球上太平洋熱帯域の気圧偏差（タヒチ-ダーウイン）：南方振動指数の間に、一定の相関性が考えられるとして使用してきた。

なお、単純化のため、NINO3 海域の海水温変化指標は、南方振動指数の逆サイクルに近いと考え、逆南方振動指数は、エルニーニョ（NINO）とほぼ等しいと、同義にもちいている。（ENSO 参照）

これらを前提に次のことが考えられる。（図 1-1）

(1) 太陽黒点数約 11 年周期の谷において、南方振動指数は、プラス領域から負領域へ定期的に下降している。これは比較的大きな NINO 発生期の関係を表すと考えられる。（太陽黒点数約 11 年周期の谷において、南方振動指数：点線が、上から下へ太陽黒点数増分のゼロ水準域を割って、負へ下降するとき、比較的大きな NINO が、定期的に発生すると考える。)

(2) また、太陽黒点数約 11 年周期の山期（太陽黒点数増分ゼロ）近傍で、南方振動指数は、同じように、プラス領域から負領域へ下降し、NINO が発生している。

(3) これらの関係は、エルニーニョ発生期、太陽黒点数増分がゼロ水準近傍へ収束する関係とリンクしている（逆 SOI は、NINO サイクルとほぼ同じ：ENSO 参照）。

(4) 太陽黒点数（増分）変化と、南方振動指数の間に、有意の相関性があるとし

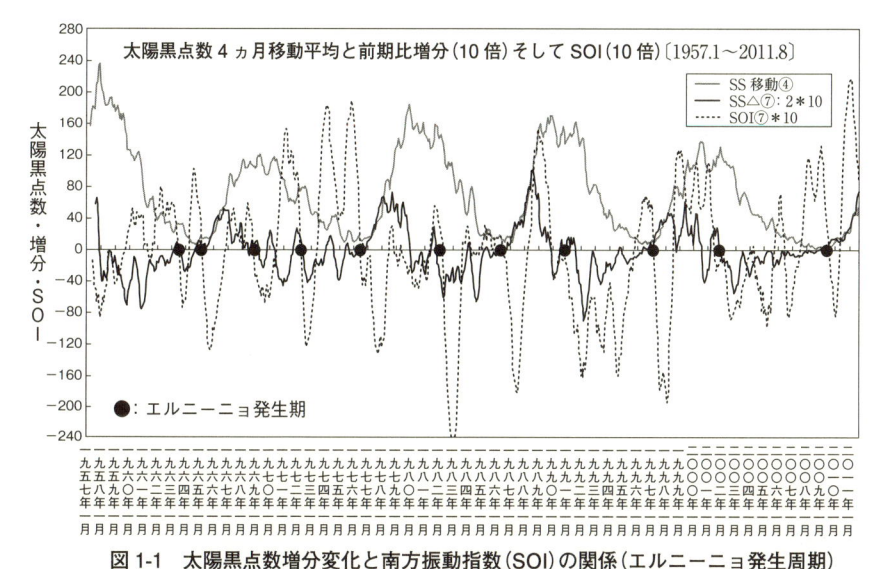

図 1-1 太陽黒点数増分変化と南方振動指数(SOI)の関係(エルニーニョ発生周期)
注：(上の実線：太陽黒点数約11年周期)，(下の実線：太陽黒点数増分)，(点線：南方振動指数：SOI)，月次データを移動平均して使用。(NINO発生はSS増分ゼロ水準多い)

た場合、その波及過程は、前者が先で、その逆はない。

(5) 太陽黒点数約11年周期の谷や山というのは、上に凸の2次関数状と単純化してみた場合、その増分は、谷と山で、定期的に、ほぼゼロ水準へ収束してくる。(準5年周期)

(6) 加えて、南方振動指数が負領域へ下降するのは、太陽黒点数増分ゼロ水準近傍が多い(この時期、多くはNINO発生)。

(7) 以上の、(1)～(5)までの関係において、比較的大きなNINOは、太陽黒点数約11年周期の、谷期や山期に発生することが多いとした。これは、準5年周期で、比較的大きなNINOが発生し、太陽黒点数周期との関連性が考えられるケースである。また、同期は、太陽黒点数増分が、定期的にゼロ水準近傍に収束する点でも特徴をもつと考える。

(8) これらをもって、太陽黒点数周期でみた比較的大きなエルニーニョ(NINO)発生の準5年周期と考えた。なお、⑥を加えてみると、大・小あわせてNINO発生は、太陽黒点数増分ゼロ水準近傍を契機にしている符合性

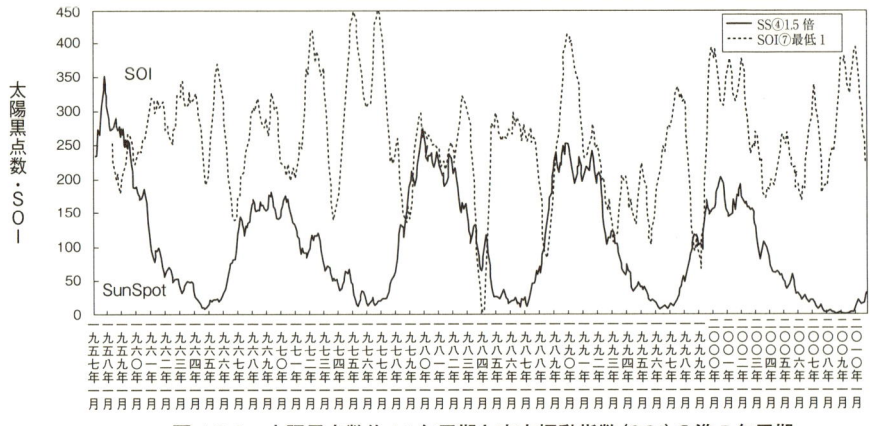

太陽黒点数4期移動平均(1.5倍)そしてSOI最低1(1957.1～2010.12)(SOI:1年右シフト)

図1-2-A　太陽黒点数約11年周期と南方振動指数(SOI)の準5年周期
注：南方振動指数：SOIはプラス化(1年右シフト)

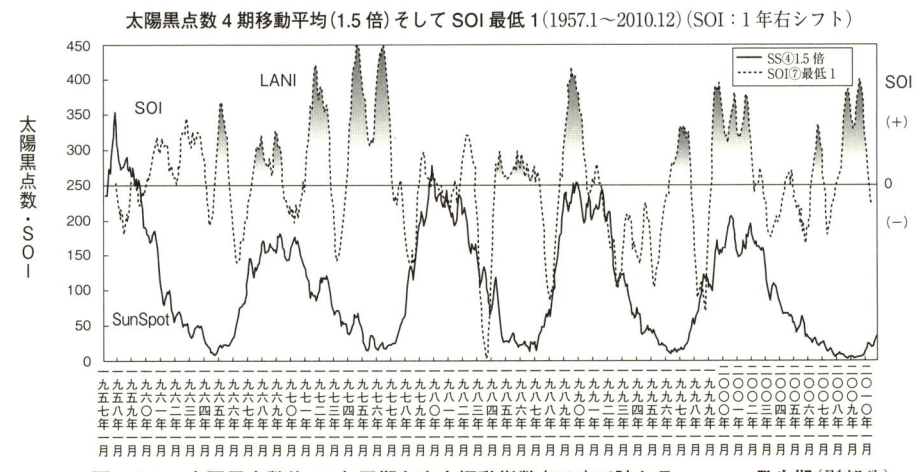

太陽黒点数4期移動平均(1.5倍)そしてSOI最低1(1957.1～2010.12)(SOI:1年右シフト)

図1-2-B　太陽黒点数約11年周期と南方振動指数(SOI)で読むラニーニャ発生期(影部分)
注：南方振動指数：プラス化，1年右シフトに伴う発生のズレあり。ENSOを参照。

が考えられ、その発生周期は3-4年となろう。

(9) そして、(4)で述べたように、太陽黒点数約11年周期の変化と、南方振動指数の変動類似性を示すために、南方振動指数指標をプラス化し、プラス象限で比較してみた。その結果、次の関係が示されると考えた。

⑽　太陽黒点数約 11 年周期の変動軌跡を、プラス化した南方振動指数と、比較してみると(南方振動指数は 1 年右シフト)、同方向の変化をする約 5 年周期と、両者が反対方向の変化をする約 5 年周期が繰り返していると考える。

⑾　この準 5 年周期から、次のことを述べた。太陽黒点数約 11 年周期と南方振動指数は、同方向、反対方向の変動を、準 5 年周期で繰り返しているが、その大まかな接点領域は、太陽黒点数約 11 年周期でいえば、上昇、下降両局面の変曲点あたりである。そのとき南方振動指数は最も深い最深部にあり、エルニーニョ最盛期近くであると考える。

1-3　太陽黒点数約 11 年周期と同増分、そして南方振動指数(SOI)の関係

　ここでは、①太陽黒点数約 11 年周期と同増分、②南方振動指数：(太平洋熱帯域気圧偏差)、③エルニーニョ／ラニーニャ(NINO/LANI)：NINO3 海域を中心とした海水温変化の関係を比較しながら展開している。

⑴　これまで、地球上の太平洋熱帯域における、気圧偏差をあらわす南方振動指数(SOI)は、太陽黒点数約 11 年周期の短期循環という見方をしてきた。

⑵　その場合、単純化して、エルニーニョ(NINO：地球上、太平洋熱帯域海水温変化)は、南方振動指数の逆サイクル(逆南方振動指数)であるとした。(ENSO：エルニーニョ・南方振動参照)

⑶　そして、太陽黒点数増分(SS Δ分)変化と、南方振動指数について、エルニーニョ発生は、太陽黒点数増分ゼロ水準近傍のときが多いと述べた。これは先の図に示したとおりである。さらに比較的大きな NINO が、定期的に生じるのは、太陽黒点数約 11 年周期の谷・山・谷頃という準 5 年周期を提示してきた(増分変化での説明併用)。

⑷　そこで、ラニーニャ(LANI)の説明に苦慮しているが、太陽黒点数増分と、南方振動指数の変動を比較して、発生期よりも、終息期に特徴があり、ラニーニャの終息は、太陽黒点数増分が、ゼロ水準近傍に収束するときが多いと考える。ラニーニャは、NINO 発生の裏期に発生することが多い関係上、太陽黒点数増分ゼロ水準とは限らない。しかし、ラニーニャが終息するとき、太陽黒点数増分は、ゼロ水準近傍に収束している特性が認められると考

える。

(5) 南方振動指数は、このような特性を活かしながら、太陽黒点数変化の、地球上における太平洋熱帯域気圧偏差という、気象における短期循環を形成していると考えられる。その南方振動指数は、同海域の海水温変化を示す、エルニーニョ／ラニーニャ・サイクルと、大まかに逆サイクルになっていると考える。地球上の南方振動指数は、このような関係において、太陽黒点数増分と、一定の相関性をもっている可能性がある（ENSO 参照）。

　　（NINO 発生期は、太陽黒点数増分ゼロ水準近傍、LANI 終息期は、太陽黒点数増分ゼロ水準近傍）

(6) ラニーニャの発生は、太陽黒点数約 11 年周期でいえば、上昇・下降の各変曲点あたりがひとつの発生契機になっている可能性があると考えられる。この太陽黒点準 5 年周期転換期もひとつの指標になろう。なお、ラニーニャの発生期は、ペルー沖が、高気圧帯になっており、エルニーニョの場合における、低気圧帯とは反対である。太陽黒点数増分変化が、太平洋赤道域の、風体系における方向をかえている、ウォーカー循環、ハドレー循環に作用している可能性が考えられる。熱帯域の海水温においては、それを介した、赤道海流、低緯度海流の、風体系における大まかな逆サイクルが想定されよう。

(7) そして、こうした関係は、南方振動指数が、太陽黒点数増分変化（太陽黒点数約 11 年周期の前半局面：（谷から山）に対し、逆増加率の関係を示していることであり、その後の後半局面では、太陽黒点数増分が、プラス領域にあらわれるたびに、南方振動指数は、コサイン形で、マイナス、プラス象限を上下している。つまり、NINO, LANI（傾向）を繰り返している。また、太陽黒点数増分変化がプラスにならない場合は、南方振動指数も、マイナス象限で、同方向の推移をしていると考えられる。太陽黒点数約 11 年周期の谷にいたると、南方振動指数のコサイン形反応の後半があらわれ、南方振動指数はプラス化して、太陽黒点数約 11 年周期の谷期直前で、定期的に LANI（傾向）になっている。

(8) 太陽黒点数約 11 年周期の谷から山から谷と、南方振動指数の、ある種、規則性をまとめると、太陽黒点数約 11 年周期の前半局面（谷から山）に対し

1 太陽黒点数周期の諸類型 —— 7

SS 移動④と SS△⑦10 倍そして SOI⑦10 倍〔1977.1～2010.10〕
○：NINO 発生　●：LANI 終息　SS：増分ゼロ水準

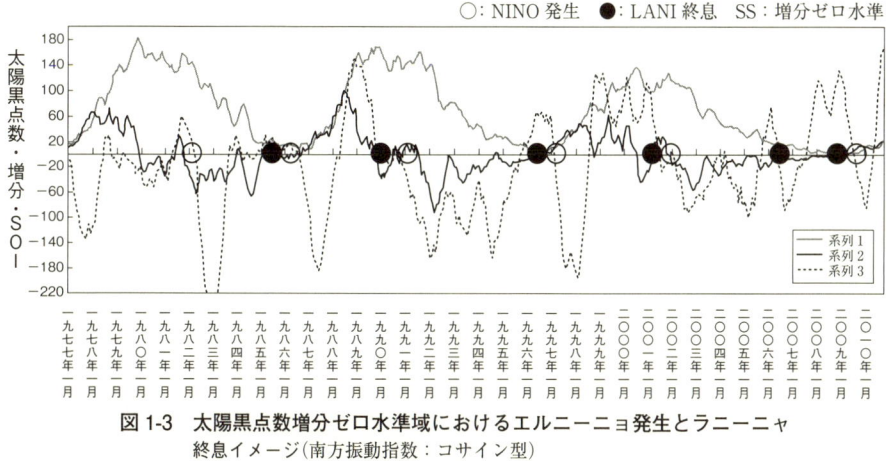

図 1-3　太陽黒点数増分ゼロ水準域におけるエルニーニョ発生とラニーニャ終息イメージ(南方振動指数：コサイン型)
注：太陽黒点数 11 年周期：上の実線　　同増分：下の実践　　南方振動指数：点線

　て、南方振動指数は、太陽黒点数増分の逆増加率型(コサイン形)で変化している。太陽黒点数約 11 年周期における山から谷の後半局面では、NINO 発生期に、太陽黒点数増分ゼロ水準、LANI 終息期に太陽黒点数増分ゼロ水準(コサイン形)の、短期周期変動をして、太陽黒点数増分のプラス領域変化に、コサイン型で反応しながら、太陽黒点数約 11 年周期、谷直前で収束すると考える。太陽黒点数約 11 年周期において、南方振動指数のコサイン形サイクルは、相対的ながら、低い山の周期で 3 回、高い山の周期で 2 回認められると考える。前者が、NINO 発生の 3-4 年周期の場合と考える。後者が、NINO 発生の準 5 年周期と単純化できよう。なお、これには、LANI が付随している(NINO/LANI は傾向を含む：図 1 1 参照、および『理科年表』参照)。

1-4　太陽黒点と日本の景気循環

　このような過程を踏まえながら、波動類似性に関心を深める過程で、太陽黒点数変化と日本の景気動向指数(DI)について書いてみようと考えたときは、正直いって、ためらいと迷いがあった。しかし、この図を数年追っているうち

に、恥をかいても書いておこうとおもったしだいである。そうした自分自身への言い聞かせが、気の重いこととして記憶に残っている。
　波動類似性の比較という域において、大まかに展望すると、月次統計における太陽黒点数約11年周期、太陽黒点数増分変化（前期比）、南方振動指数（SOI）、そして日本の景気動向指数（DI）の間には、ある種、有意の相関が認められる可能性があると考えている。因果関係を示すものではないが、近似的な関連性にしても、波動類似性におけるひとつの試論として、参考までに手元資料を提示しておきたい。（準5年周期）
　近似的な概念であるが、2000年頃までの約40年間、太陽黒点数約11年周期を簡略化して、その山期、谷期を見直すと、増分循環で、ゼロ水準域に収束している場合が多い。そして南方振動指数も、当該期に、ゼロ水準域へ収束していることが多い。これらは準5年周期であると考える。
　そして、日本のDI山期を対応させてみると、おおむね同じような時期に該当してくると考えられる。DIの山に関しては、全ての山が、太陽黒点数約11年周期の山や谷期に符合するわけではないが、2つのケースをはずしてみると、多くは、山や、谷期へ近似してくる傾向があると考えた。これらを総合して準5年周期を提示してみた。（拙著『気象・太陽黒点と景気変動』同文舘、参照）
　また、太陽黒点数約11年周期においては、変曲点ゾーンを基準にした準5年周期が考えられる。このとき、変曲点ゾーンの周期は、2つの太陽黒点数約11年周期にわたっている。上昇局面に注目して、変曲点ゾーンを時系列に応じ延長すると、これは約11年周期の関係になり、中期循環の領域へ入っていく。
　世界の経済成長率や、アメリカの経済成長率が低下する傾向があるのは、この時期が多いと考えられる。太陽黒点数約11年周期の、上昇局面における変曲点ゾーンがそれである。または、太陽黒点数増分変化の、山から山における約10年周期、この時期、世界の経済成長率が低下する不況化傾向があると考えられる。（図1-6参照）

1　太陽黒点数周期の諸類型 —— 9

図1-4　太陽黒点数前期比増分と日本の景気動向指数（DI先行指数）
注：太線：太陽黒点数増分、細線：日本の景気動向指数（DIは基準ゼロへ調整）

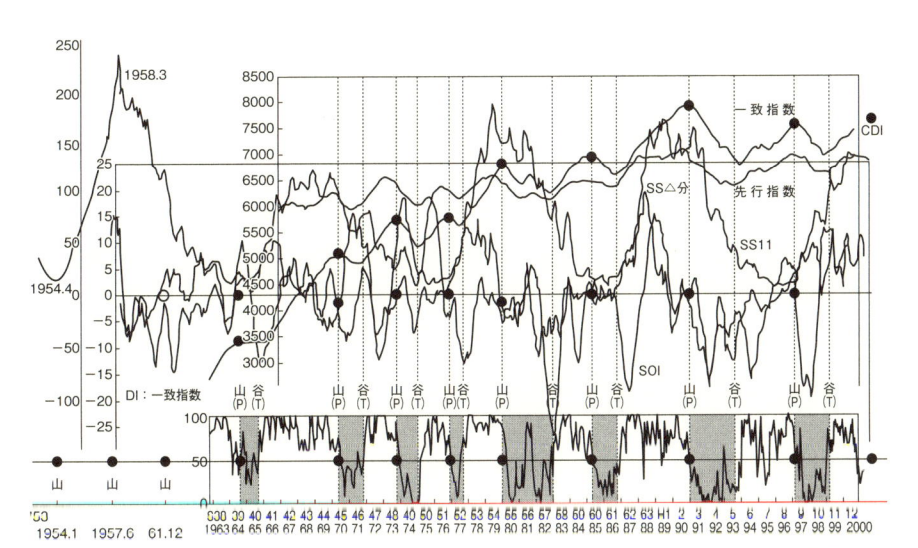

図1-5　太陽黒点数約11年周期・同増分変化・南方振動指数・日本の景気動向の関係
注；手元資料原図（月次データ処理）、南方振動指数（SOI）。日本の景気の山は、SS△分とSOIが、重複してゼロ水準に収束する傾向の場合が多いと考えられる。

1-5 太陽黒点数約11年周期と前期比増分、そして南方振動指数と米国(先進世界)の経済成長率について

　先の概要を受け、この部分の説明をしてみよう。太陽黒点数増分(SS増分併用)と南方振動指数(SOI)を比較すると、太陽黒点数増分の、山・谷近くで、南方振動指数が最も深くなることが多く、NINO(エルニーニョ)が最盛期を迎える、準5年周期が認められると考える。そして、太陽黒点数増分の山、谷サイクルは、太陽黒点数約11年周期の変曲点ゾーン周期でもあり、太陽黒点数変動と南方振動指数の間に、有意の相関性がある可能性を示している。つまり、準5年周期で、地球上、太平洋熱帯域の気圧偏差(南方振動指数)の谷近くで、同域の海水温変化である、エルニーニョ(NINO)の山を形成することが多い関係の可能性である。

(1)　こうした関係に、米国(先進世界)の経済成長率変化を対応させてみると、太陽黒点数増分の山・谷(逆サイクル)を基準に、約3年程度タイムラグがある。そして経済成長率が低下し、谷を形成する大まかな中期循環の形成が考えられる。また、この時期は、南方振動指数準5年周期の谷、2つがつながって、ひとつおきの南方振動指数が、成長率の谷期に対応してくる。

(2)　ひとつの推論として、太陽黒点数増分の山期近傍で、米国・先進世界の、経済成長率は、停滞・低下する中期循環の存在が考えられる。経済成長率のような中期循環は、よく見ると、先峰形の山を形成するというより、台形や2峰形に近いと考えられる。

　こうした関係は、南方振動指数の谷から谷の準5年周期などが介在している可能性があると考える。(成長率の山をおさえる準5年)

(3)　この試論を単純化していえば、太陽黒点数約11年周期の、上昇局面における変曲点の時期に、米国の経済成長率は、低下する傾向がある、中期循環の指摘である(経済成長率は3年程度のタイムラグ)。

　なお、先に述べたように、1年遅れの南方振動指数(SOI)は、準5年周期で、太陽黒点数約11年周期と、同方向、反対方向の変動を繰り返していると考えられ、これは、南方振動指数が2つ繋がることから、そのつながった2つ目の谷は、経済成長率循環の山の時期にも該当する(太陽黒点数増分では、

1 太陽黒点数周期の諸類型 —— 11

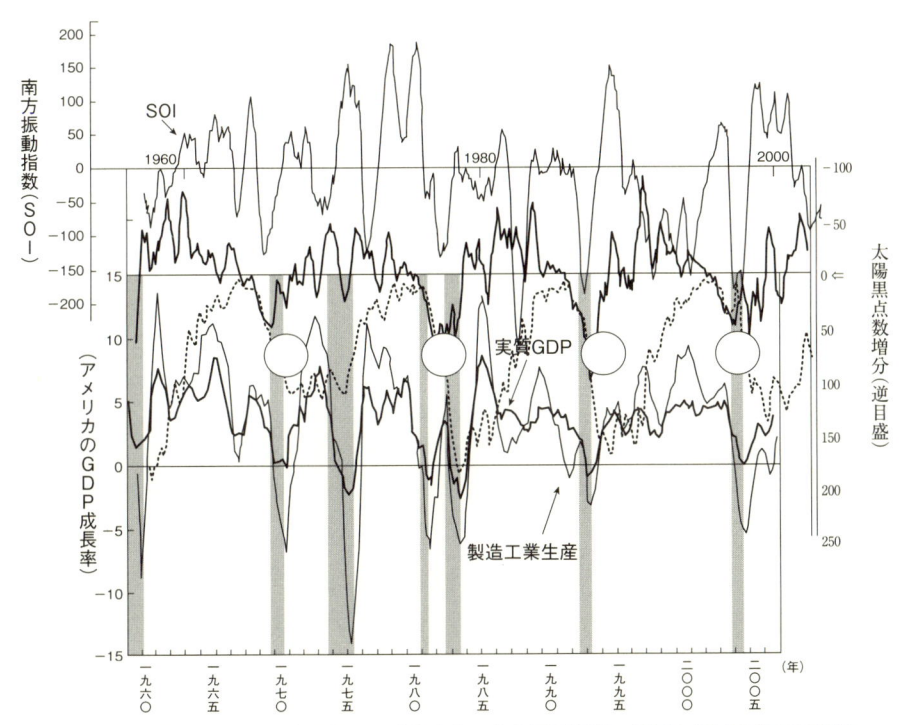

図 1-6 太陽黒点数約 11 年周期・同増分変化・南方振動指数・世界の経済成長率の関係
注：手元資料原図（世界の経済成長率は米国の成長率で補完）。○印：成長率低下対応指標：中期循環。成長率は 2～3 年ずれる。（変動線は，上から①南方振動指数，②太陽黒点数増分逆サイクル，③太陽黒点数約 11 年周期（逆），④米国で代表した世界経済成長率）

谷の時期）。この時期が、山をおさえるような作用をすることも考えられる。（図1-6）

(4) 総合すると、太陽黒点数増分の山・谷の準 5 年周期が、気象や経済・景気変動に影響している可能性であり、特に、太陽黒点数約 11 年周期、上昇局面の変曲点あたりの時期に、米国（先進世界）の経済成長率が、低下傾向を示す中期循環が、かかわっている可能性を指摘しておきたい。（変動比較・類似性の範疇において）

(5) 太陽黒点数や気象と経済・景気に、関連性があるのかを問われた場合、こうした、波動の類似性という観点から、有意の相関性がうかがえる事例とし

て提示しておきたい。

1-6 太陽黒点数の約22年周期と日本の経済成長率における長期循環について

　太陽黒点数10年移動平均、20年移動平均波動などをみていると、その変動過程において、明確な山や谷ではないが、山並みにおける峰や峠谷のような変動が連なって、長期における山期や谷期が形成されていると感ずる。
　特に、太陽黒点数10年、11年移動平均における、長期変動では、こうした傾向が、かなり顕著にうかがえる。これは、何を反映しているのだろうかという素朴な疑問があった。
　そこで、太陽黒点数約11年周期をゆるくする意味で、11年前比増分変化を導き、約22年規模で変化する太陽黒点数の長期循環を得た。太陽黒点数長期変動における峰の正体は、同22年周期の影であったかと考えながら、表向きは、大気循環型変化などとの関係で比較・考察した（拙著『経済変動と太陽黒点』ナカニシヤ出版、1990年、参照）。
　その後、経済の長期循環（クズネッツ・サイクル）との関係を比較するようになり、1880～1980年頃にかけて、太陽黒点数約22年周期と、日本の経済成長率の関係に相関性があると考え、これを示した（東亜大学経営学部紀要、1993年3月、1994年5月）。
　それから、20年近くなるので、どうなっているだろうかと思い、各データを延長してみた。そうすると両者は、やはり類似した変動傾向を示していると考え、事例の少ないケースなので敢えて提示してみた。

1 太陽黒点数周期の諸類型 —— 13

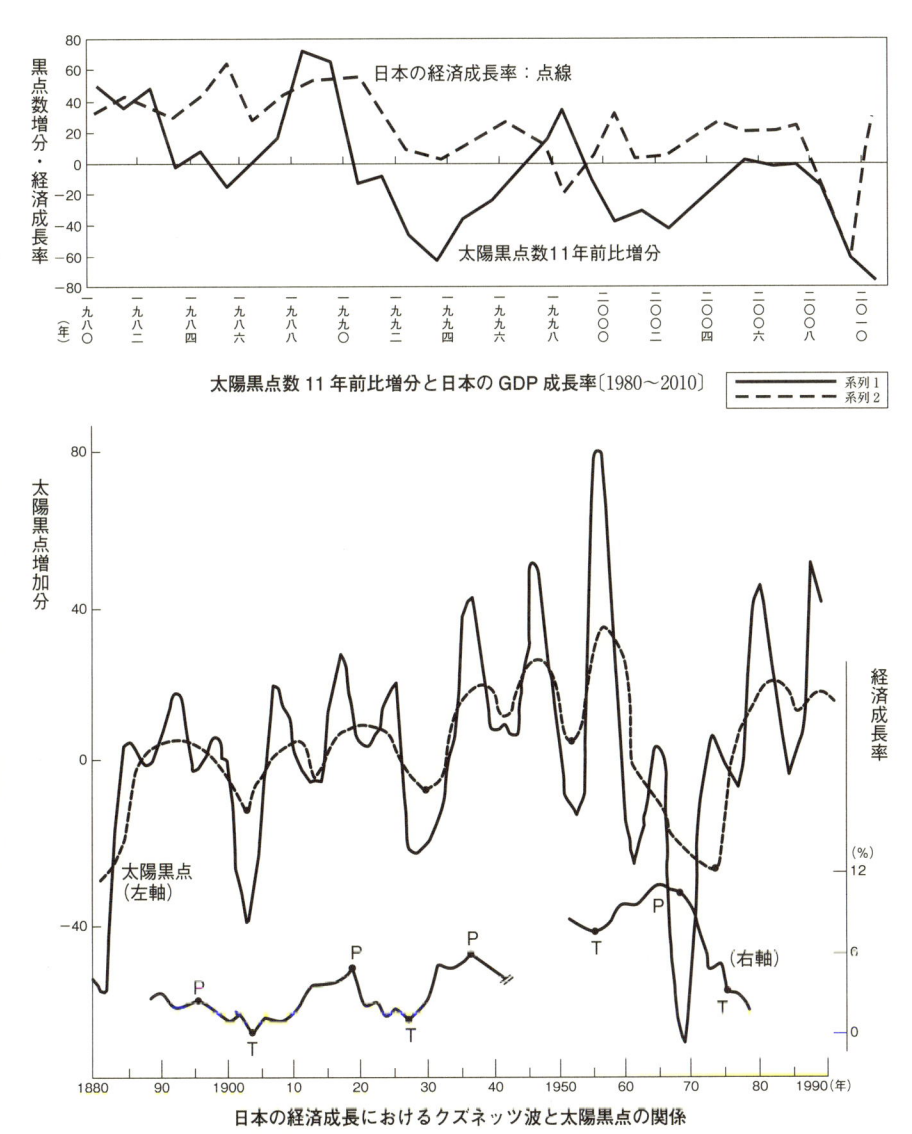

太陽黒点数11年前比増分と日本のGDP成長率〔1980～2010〕
系列1
系列2

図1-7 太陽黒点数の約20年周期と日本の経済成長率におけるクズネッツ波

注：太陽黒点は11年前比増分の3ヵ年移動平均。点線は7ヵ年移動平均。
出所：南　亮進『日本の経済発展』東洋経済新報社，昭和56年，31ページに太陽黒点波動を加えて作成。
　　　拙稿『東亜大学経営学部紀要』第3号。拙著『経済変動と太陽黒点』1990年ほか，より作成。
資料：国立天文台編『理科年表』丸善，1991年。

1-7　太陽黒点数の 10 年移動平均と長期波動について (50 〜 60 年周期)

　太陽黒点数の約 50 〜 60 年周期は、経済の長期波動(コンドラチェフ波)との関係で議論されることが多く、卸売物価など、経済指標の長期波動から考察される場合が多い。なお、ここでは、この問題に深く立ち入らないことにする。
(拙著『地球環境変化と経済長期変動』同文舘、参照)

　太陽黒点数変動の諸類型というタイトルに準じて、太陽黒点数の約 50 〜 60 年周期を、どのように認識するか、そうした点に関心を寄せてみよう。

　太陽黒点数 55 年周期など、種々の見方ができる分野であるが、ごく普通に太陽黒点数変動から、長期波動を見直してみよう。(うすい垂直線を引いた区分が概念的な 50-60 年周期と考える)

　太陽黒点数長期変動は、14 世紀頃から、大振幅期の約 100 年と、小振幅期の約 100 年が繰り返していると考える。ここで示す最も簡単な長期変動は、約 100 年周期の大・小振幅期に、それぞれ内実が、2 つの山で形成されていることが多い傾向の指摘である。

　絶対的な周期性を示すものではないが、約 50 〜 60 年周期といった変動は、社会科学の分野で、こうした現実的な把握も許されると考える。

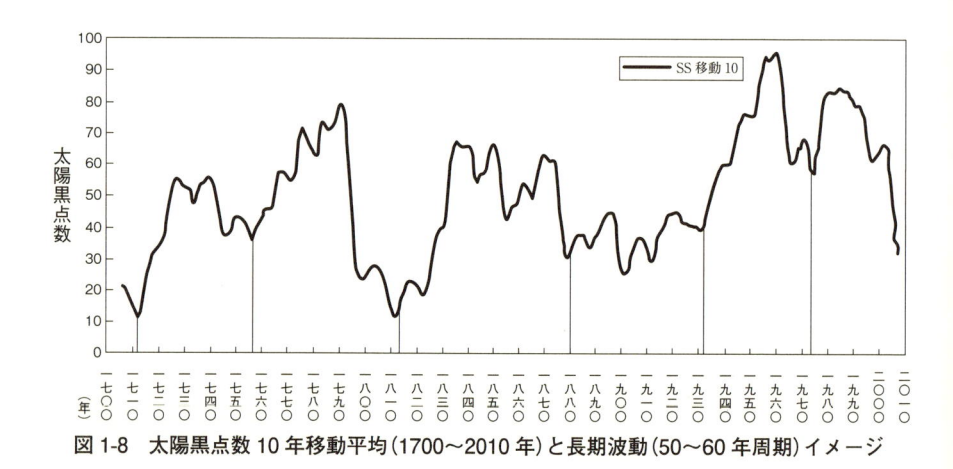

図 1-8　太陽黒点数 10 年移動平均 (1700〜2010 年) と長期波動 (50〜60 年周期) イメージ

1-8 太陽黒点数の約100年周期と6n期の概念について

太陽黒点数約100年周期は、覇権国家交替周期との関係で考察される場合が多い。一般にモデルスキー・サイクルと呼称される概念である。世界の覇権国は、数世紀にわたって、約100年強の周期で交替している。しかし、イギリスのように2期間を連続して継承する事例も見られる。

表1-1 太陽黒点(チューリッヒ番号6n期の特徴)と覇権国家周期の関係

(1)	モデルスキー・サイクル内の小ピーク年	1764年	1815年	1873年	1946年
(2)	モデルスキーの4局面	非正統化　分散	世界戦争　世界国家	非正統化　分散	世界戦争　世界国家
(3)	当該期覇権国家	イギリス	イギリス	イギリス	アメリカ
(4)	挑戦国	フランス	フランス	ドイツ	ソ連
(5)	戦争・社会変動	英仏7年戦争(1756-63)	ナポレオン戦争(1812-1815)	ドイツ帝国建国(1871)	第2次世界大戦(1939-1945)ソ連圏成立(1947)
(6)	太陽黒点チューリッヒ番号6n期	1755年始発年1755とする	1810-1823年 6(1)	1878-1889年 6(2)	1944-1954年 6(3)
(7)	太陽黒点55年周期		6(1) 55年	6(2) 55年	6(3) 55年

資料：坂本正弘「長期動態からみた国際システム」『世界経済評論』世界経済研究協会, 1987年3月号。
　　　G. モデルスキー「世界政治の律動と課題」『国際問題』1986年6月号。
　　　国立天文台編『理科年表』丸善, 1991年他。
出所：拙稿『東亜大学経営学部紀要』1993年。

この構想では、覇権国に対する挑戦国も知られており、軍事、政治、経済力の総合指標において、覇権国に次ぐ存在として理解される。19世紀頃からの近い過去では、次のように単純化されよう。(当該期の6nは、1810～23年、1878～89年、1944～54年、2009～2020年頃：予測)

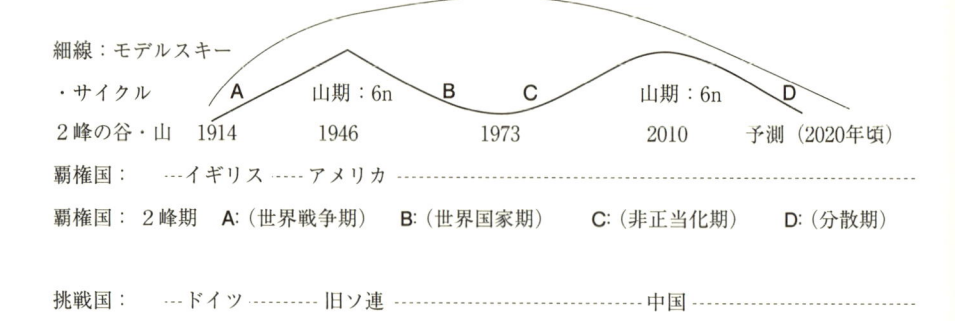

```
細線：モデルスキー
　・サイクル　　　　　 A　　　　　　　   B　　　　 C　　　　　　　　　　　　D
2峰の谷・山　 1914　　　山期：6n　　　　　　　　　　　　　山期：6n
　　　　　　　　　　　　1946　　　1973　　　　　　　2010　　　予測（2020年頃）
覇権国：　　　　イギリス　　　アメリカ
覇権国：2峰期　A:（世界戦争期）　B:（世界国家期）　C:（非正当化期）　D:（分散期）

挑戦国：　　　　ドイツ　　　旧ソ連　　　　　　　　　　　　　　　　中国
```

　なお、6n 期は、挑戦国出現周期に対応しており、一方で、コンドラチェフ波の、山頃（1814 年頃、1873 年頃）または、谷頃（1945 年頃、2009 年頃）に近似してくることが多いと考える。上に示した概念は、約 100 年強の周期で覇権国家が交替することが多く、その中の 2 峰ピーク期に、挑戦国が出現することの多い大まかな周期性である。この時期が、太陽黒点数 55 年周期の接続期：6n 期に対応することが多いことから、こうした特異な関係を指摘・示唆している。

　あえて指摘すると、6n 期には、大きな経済・社会変動もリンクしている可能性がある。上述の各期について順に指摘すると、①19 世紀初頭：ナポレオン戦争。②19 世紀末葉：英国発の長期不況。③20 世紀中葉：第 2 次世界大戦終結。④21 世紀初頭：米国発世界金融危機、EU 経済の不安・混乱、アラブ諸国の民主化、日本の東日本大震災・津波・福島原発事故など。

1-9　太陽黒点数の約 100 年周期について

　太陽黒点数の増加・減少に約 11 年の基本周期がある。そして、その増・減は、約 11 年周期の山と谷が指標である。その場合、谷だけの変動は、あまり紹介されていない。そこで、約 11 年周期基底部（谷）だけの変動を引き出してみると、約 11 年周期の谷が、前後数十年で最も低くなる傾向のある太陽黒点数約 100 年周期であると考える。

　つまり、太陽黒点数約 11 年周期の谷は、約 100 年周期で、ゼロ水準近傍に収束している周期性が認められると考える。これは、太陽黒点の約 100 年周期

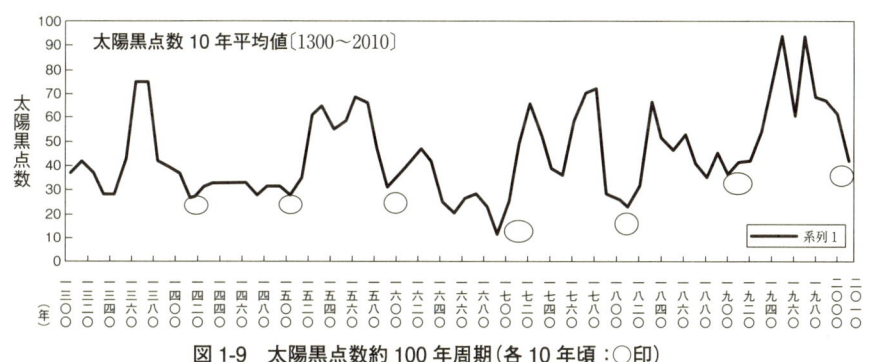

図1-9 太陽黒点数約100年周期(各10年頃：○印)
注：黒点の約11年周期が把握できる期間では、各10年頃に谷がゼロ水準近く。

と呼べる可能性があろう。約11年周期における谷、1712年、1810年、1913年、2009年がその時期である。なお、18世紀以前の時期は、数世紀にわたって太陽黒点数10年平均値を使用した。そして、各100年紀における10年頃が、その時期に当たると考えている。

1-10　太陽黒点数の長期変動：約100年・約200年周期について

　太陽黒点数の観測統計上、18世紀中葉以前の値は、信頼性に問題があるとされるが、10年平均値で処理している。(17世紀以前の太陽黒点数10年平均値は、木の年輪中の炭素14濃度の分析に基づく復元解析：以下略)

　太陽黒点数(10年平均値)の長期変動は、14世紀頃から見た場合、大振幅期の約100年、小振幅期の約100年が繰り返していると考えられる。

　更に単純化してみれば、100年紀の80年頃が、大・小振幅の山・谷期を代表すると考える。よって、その80年頃を点線で結んでみると、概念図におけるような約200年周期が指摘できると考えている。

　そして、太陽黒点数、約11年周期の谷から谷周期は、1700～2010年頃において、各10年前後の時期に、ゼロ水準近傍に収束していると考える。類型化をはかり、これを過去の変動に延長してみると、大振幅期、小振幅期、各100年の10年頃が、それぞれの谷近傍になると考えられる。

　なお、年次データを基にした、太陽黒点数約200年周期のイメージは次のよ

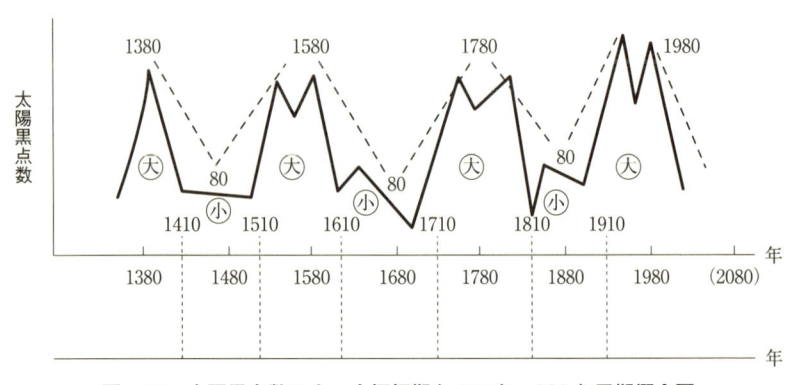

図 1-10　太陽黒点数の大・小振幅期各 100 年・200 年周期概念図

注：大：大振幅期，小：小振幅期

うなものである。正時系列変動（実線）、逆時系列・逆変動（点線）、対応基準期：1880 年頃（80 〜 90 年）、として図 1-11 のように示している。

　①基準期をベースにして 180 度回転のケース。また、別のときには、②基準期の垂直線をベースに右か左へ折り返す。こうした手法をもちいながら、周期性や同方向、反対方向などを見てきた。（拙著『脈動』参照）。

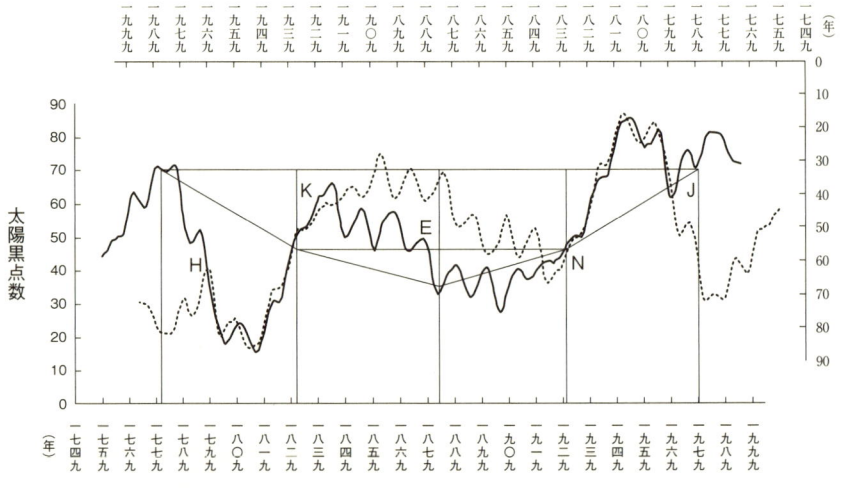

図 1-11　太陽黒点数長期変動（移動 20）と逆時系列・逆変動の関係（1749〜2004 年）

注：太陽黒点数長期変動が約 40 年ごとに変動方向を変えている関係の把握。

こうした200年周期は、経済・社会変動の概念を超えており、太陽活動と地球環境との物理的関係といったものを、省略した場合、気候環境周期の約200年周期といえるかもしれない。

2 太陽黒点数長期変動の概要

2-1 900～1800年頃の太陽黒点数長期変動

　太陽黒点数、1750～2000年頃の、年次データによる時系列変動の展望から、素人なりに、幾つか感ずるところがあったような印象をもっている。
　そして、太陽黒点数長期変動に想いをいたしたとき、過去、長期にわたって信頼できるデータが存在しない問題があった。しかし、木の年輪分析などから導いた10年平均値データなどは存在するので、これを用いてみることにした。
　ここで太陽黒点数長期変動という場合、10年単純平均値から、20年移動平均までを、それぞれ使い分けている。この点は、誤解をまねかないよう冒頭に再度断っておかなければならない。よって、1700年以前については、特に試論と推論の制約を伴う。
　900～1800年頃の、太陽黒点数長期変動(10年平均値その2期移動平均、場合によって20年移動平均：ヘールサイクルをこえる長期変動)をみていて、こうした変動の中に、何か規則性のようなものがあるだろうか。心の底流として、このあたりが問題意識になっているように感じている。
　しかし、太陽黒点数の変動については、何がしかの言及ができたとしても、幾つもある太陽黒点数極小期の周期性などに、おもいが至ると、そこまでさかのぼってみても、周期性など示しようがないというのが実感であった。

2-2 太陽黒点数の約100年周期と約200年周期について

　そこで、次のように考えてみることにした。太陽黒点数長期変動には、基本的に14世紀頃から、大振幅の約100年周期、小振幅の約100年周期が認められると考えた。まとめてみると、大・小約200年程度の周期性が繰り返しているとすれば、そうした期間についてだけでも、特徴が引き出せないだろうか、という意図が潜在的に伏在していた。

こうして、対象範囲としては、900年頃からの、太陽黒点数長期変動(10年平均値基準)を把握することにし、ひとつの区分を、1800年頃としてみた。その後、現代にかけては、過去に年次データで処理をしており、一応、別におくべきだと考えることにした。

　なお、900年頃からと、14世紀頃からという、2とおりの言い回しをしているが、目察で概念的に区分できる、100年、200年周期は、14世紀頃からと考えている。しかし、極小期などの概念を持ち込むと、10世紀頃からとすべきだと考えた。大・小振幅期の100年期間を大まかにみた場合、10世紀頃から、山期と谷期の長期変動が認められると考える。中世極大期との関係などを勘案して、そのように判断したものである。

　そして、正確な観測データが存在するわけではないが、歴史的側面を含んだ年代には、幾つかの太陽黒点数極小期が知られている。こうした時代の多くは、北半球規模の地球が、相対的に寒冷な気候に支配されていたとされることが多い。因果関係は明確でないものの、一般に知られている傾向といえる。

　シュペーラー極小期や、マウンダー極小期には、太陽黒点数も著しく少ない時代が存在し、年代としては、太陽黒点極小期と地球の相対的寒冷期が、大まかに対応しているという関係は示されよう。(H.Svensmark,による、太陽束と宇宙線量入量変化率、そして雲量変化率の相関性が永井俊哉氏によってネット上で示されている)

　そこで、もしも太陽黒点数長期変動上に、ある種の規則性があり、その影響によって、4つの代表的な極小期が類似性をもつとすれば、ある種の仮説が許容される余地があると考えられる。代表的極小期は、太陽黒点数長期変動における、約100年周期を基にしていることが多い。

　そして太陽黒点数長期変動は、長期トレンドも介在するが、14世紀後半頃に、太陽黒点数10くらいの下方遷移が生じていると、ここでは単純化している。

　太陽黒点数長期変動の、100年周期、200年周期について、少し立ち入って検証してみよう。年次データ、1780～1980年頃における長期変動(20ヵ年移動平均)から、200年周期が、80年頃という感触を得ている。大・小各振幅があり、類型化にはパターンの設定が必要であるが、いまその点は次のように要約でき

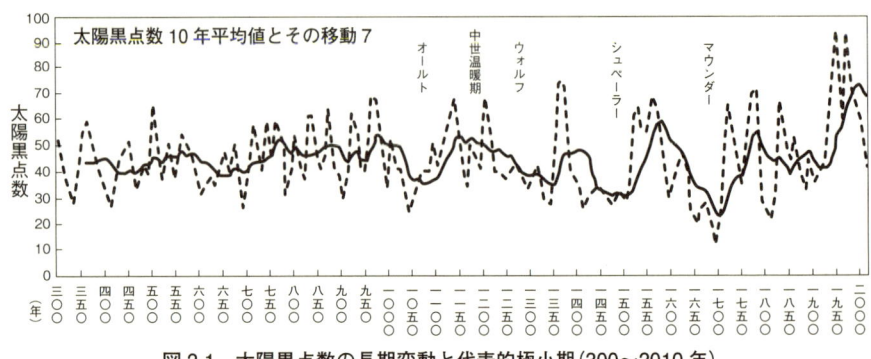

図2-1 太陽黒点数の長期変動と代表的極小期（300〜2010年）

注：展開の都合上、1810年前後のダルトン極小期を略した。

凡例：黒点数（10平均）／7区間移動平均（黒点数（10平均））

グラフ中の注記：オールト、中世温暖期、ウォルフ、シュペーラー、マウンダー

よう。

年次データで処理した場合における200年周期の特徴は、1780年頃（山）〜1880年頃（谷）〜1980年頃（山）という、山から山周期の関係で、小振幅期の80年頃は、谷ゾーンに相当している変動関係である。このような関係からみていく。

なお、ここで使用する太陽黒点数変動に、期間にかかわる概念区分がある。その点を記しておきたい。

① 太陽黒点数にチューリッヒ番号がついている期間（1755年以降の約11年周期：信頼できる年次データ期間）
② 1700年以降の太陽黒点数年次データ（『理科年表』に公表されている年次データ期間）
③ 900〜2010年にわたる太陽黒点数10年平均値（木の年輪に含まれる炭素14の解析から導かれた平均値）
④ 約11年周期の谷だけを取り出した、谷から谷サイクル。
⑤ 筆者が使用している太陽黒点数55年期間周期と、それに続く6n期。

ところで、太陽黒点数の変動は、基本的に約11年周期のシュワーベ・サイクルからなっており、この谷の変動における特徴を抽出してみると、その谷から谷の周期において、約百年周期で、ゼロ水準近傍に収束してくる周期特性を

指摘してきた。これは、谷を深くし、期間を長くする傾向がある、各10年頃として認識した(『脈動』参照)。

そのことによって、太陽黒点数長期変動においても、こうした特性は、傾向としてあらわれるものと考え、各10年頃は、大・小振幅期に拘わらず、谷ゾーンを形成する時期になると考えた。この周期性は、各10年前後の時期に、谷が深いか、谷底近くに回帰性をもってくると考えられ、強調されるべき周期と考えられる。

2-3 太陽黒点数長期変動(移動20年)の特徴

いま、ヘール・サイクルをこえる、太陽黒点数長期変動(移動20年)を導き、これを使用する。そして、詳細説明を各節・項に譲って次のように単純化しよう。

太陽黒点数長期変動の1800～1970年頃にかけて、図2-2のような変動が示されよう。また、太陽黒点数長期変動は、約40年ごとに変動方向を変えているとすれば、画期は次のようになる。(変動をみる場合、横軸とトレンド線があるが、トレンド線が入った場合、弾力的に見ている：以下略)

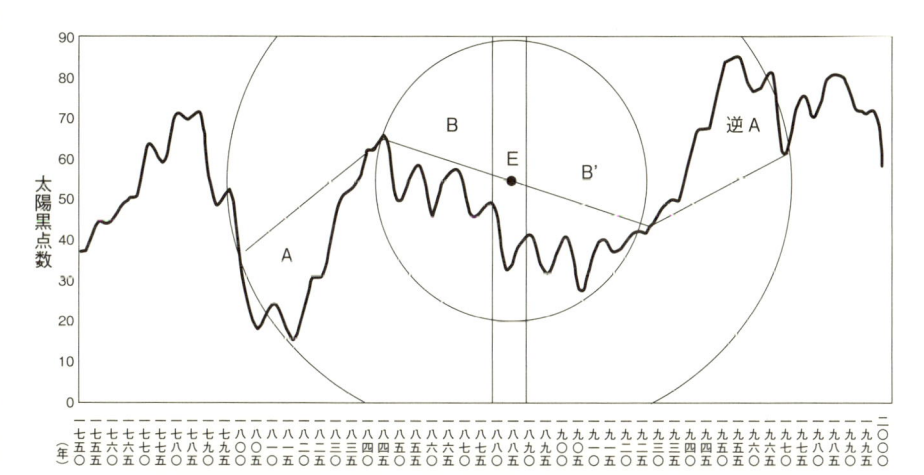

図2-2 太陽黒点数長期変動(1750～2000)の規則性と変動転換期の概念(SS移動20年)

1800～1840年頃、1840～1880年頃、1880年頃は基準期E:(1880～90年頃)、そして、1890～1930年頃、1930～70年頃の、各40年ほどである。

ここで、A変動は、1800～40年頃。B変動は、基準期Eを含む1840～1930年頃(独立変動期)。

そして逆A変動は、1930～1970年頃で、A変動の逆サイクルとしてあらわれる関係と考える。

これらは、太陽黒点数長期変動が、約40年の、A変動過程を経て、B変動(1840～1930年頃)の期間をとばし、次の約40年間(1930～70年頃)は、逆時系列・逆変動で、過去のA変動が、時間をさかのぼる形で、Aと逆時系列、逆方向の変動として大まかに予測できる関係と考えられる。

2-4　太陽黒点数20年移動平均における正・逆長期変動の特徴

太陽黒点数20年移動平均における長期変動は、その正時系列変動と逆時系列・逆変動において、1880年頃(80～90年)を基準対応期にした場合、約40年ごとで変動方向をかえている関係が指摘されよう。点Eを基準に、K,Nが直径となる円を描いてみる。(図2-2を応用的に使用)

そして、一定の年数が経過すると、トレンドKNの変動が独立した形で終了する。(内円における逆サイクル図は、KNトレンドに伴う変動が、中心点Eの180度回転に連動したもので、変動軌跡は、それにつれて回転している)。そして反対方向の変動になる。改めてKN間の変動は、基準期を含む独立した変動になっている。

次に、点EをとおるHJについては、HJをトレンドとし、180度回転によって、2重円のHK部分の変動が、逆時系列・逆変動の関係で、時系列上NJ期に、反対方向にあらわれる関係になっていると考える。事後的にいえば、合同に類した相似形の状態であらわれていると考えられる。

さらに、予測という観点で見れば、HJの外側において、同じような約40年(1970～2010年頃)のタイムスパンをもつ第3の外円が想定される。同一トレンドを用いた場合、過去の1760～1800年頃の変動に対し、トレンドHJ延長線上で、その同方向変動としての再現が考えられる。(図2-3)

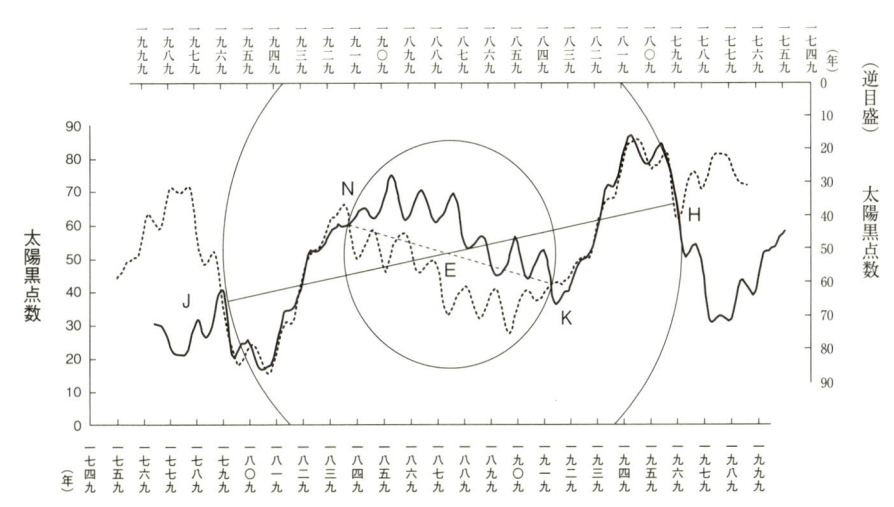

図 2-3　太陽黒点数長期変動(20年移動平均)の正時系列変動(点線)と逆時系列・逆変動(実線)
　　　　対応期：1880年頃、(期間 1749－2004年)
　　　　注：J～H は太陽黒点数長期変動のトレンド(イメージ)

2-5　太陽黒点数の約100年周期について
　　　―太陽黒点数約11年周期の谷を取り出した谷から谷の周期―

　太陽黒点数、約11年周期における、谷だけの変動周期は、約100年ごとに、ゼロ水準近傍へ収束する傾向があると指摘してきた。1712年、1810年、1913年、2009年頃(『脈動』参照)。しかし、この変動には、図2-5においてA期間の変動が、トレンドにそって反転する特徴があると考える。基準期(1901年前後)を含むB期間をとばし、A期間の変動が、その後、C期間に大まかながら、逆サイクル状であらわれてくる特徴が含まれていると考える。

　この太陽黒点数約11年周期、谷・谷の変動特性は、先に、太陽黒点数長期変動(移動20年)でみてきた関係と類似している。しかし、約40年ごとに変動方向を変えていない。

　ここで示す谷の変動は、A,B,C期間の変動において、トレンドの方向性が同じ、または、共通性をもつと考えられる点が特徴である。

　A期間の変動(1784～1867年頃)のうち、1843年の値がトレンド線上まで圧

縮されて、当該期のトレンドが、180度回転し、C期のトレンド上で逆時系列・逆変動状の傾向を帯びてあらわれていると考えられる。なお、B期(1867～1933年頃)の変動については、中心点をもつ変動で、独立に扱うほうがよいと考える。蛇足ながら、大まかな推測をしてみると、上に述べた1843年の谷は、180度反転して、1954年の谷に対応してくる。その場合、1843年の谷は、トレンドと、かなりの残差をもっており、それが1957年の山の高さにプラスの線分として反映した可能性があると考えられる。このときの、NO.19サイクルの山は190という大きな値を示す。推論の余談であるが、ふれておきたい。

つまり、太陽黒点数約11年周期、NO.1～NO.24あたりまでの谷の変動と、そのトレンドは、図2-5のように単純化され、「山トレンドにそっている」そのA期の谷変動が、C期に「谷トレンドの谷変動」として、トレンド上にあらわれ、大まかな逆時系列・逆変動になっている関係といえる。つまりBという 期間を隔て、トレンド延長線上に、Aの逆サイクルに近い変動が、逆時系列で生じている関係の指摘である。そして、B期は、中心点を含む独立の変動期として、そのままがよいと考える。

これは、太陽黒点数、谷の長期変動における、大まかな規則性に近いと考えられる。類似した規則性の傾向は、約40年ごとに変動方向を変えているとい

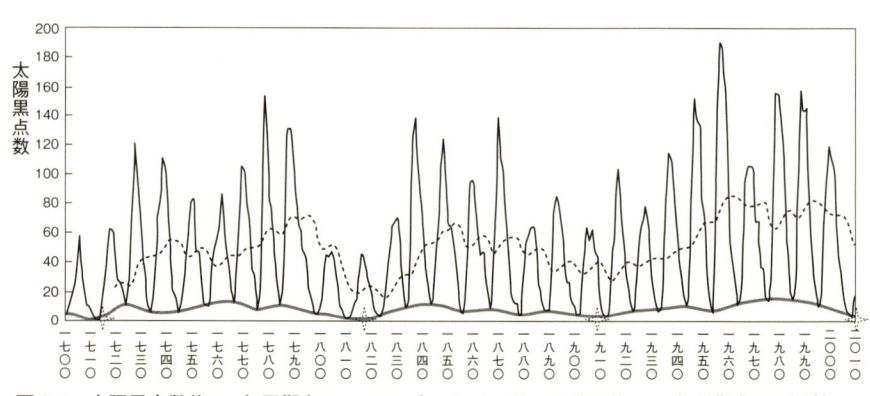

図2-4 太陽黒点数約11年周期(1700～2010)における谷から谷の約100年周期(下の実線)と長期変動(20年移動平均：点線)

注：谷から谷の周期は，マーク間の約100年ごとにゼロ水準近傍に収束する傾向がある。谷の変動のみを次図に示す。

―――― 黒点
------ 20区間移動平均(黒点)

図 2-5　太陽黒点数約 11 年周期における谷の変動（1712〜2009 年）

〔基準期：1901 年〕　　　　　　　　　　　黒点T値

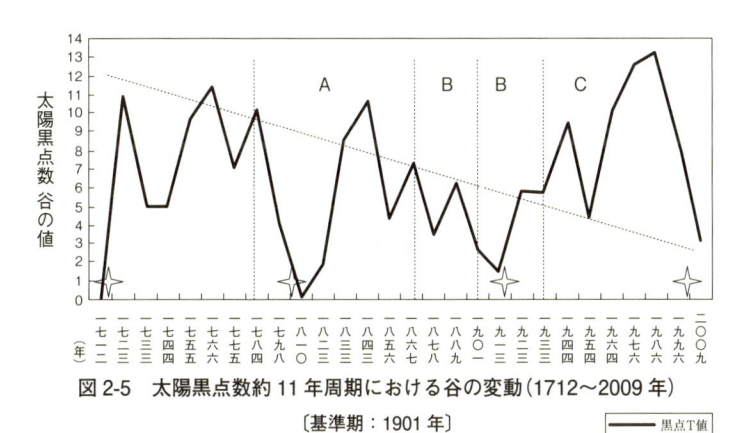

注：①谷のサイクルは約 100 年ごとにゼロ水準近くに低下する。
　　②谷の変動は、トレンドに沿って、概略トレンドA期の変動が、B期をとばして、C期に逆時系列・逆変動であらわれる。
　　③2-4 図の谷だけを引き出した図。

う制約を伴いながら、太陽黒点数全体の変動をあらわす太陽黒点数長期変動（SS移動20など）に、同様の規則性がうかがえることを示した。

　これらは、全タイムスパンはわからないものの、太陽黒点数長期変動が、ある種の規則性をもって変動を繰り返している可能性を示すものと考えられる。なお、一部、予測も可能だと考える。

　よって、太陽黒点数約 11 年周期における、谷から谷の変動がもつ約 100 年周期は、長期変動にも応用できると考えられる。太陽黒点数変動は、約 100 年周期をもっている関係の指摘である。各 10 年頃が、その時期にあたるといえる。

　いま図 2-5 において期間を限ってみよう。そして 1784 〜 2009 年としよう。

① トレンドに沿って、A期間に該当する、1784 年頃、1833 年頃、1867 年頃は、いずれも山ゾーンである。（谷変動の山ゾーン）
② 単純化のため、B期間をとばす。
③ C期に、①の山ゾーンは、谷ゾーンに変化してくる。（大まかな逆時系列・逆サイクルが想定される）
④ よって、太陽黒点数変動の考察には、一部、逆時系列・逆変動も意義をもつと考えられる。（C期の谷の変動は、A期の変動とトレンドを知れば、B期を

介して、トレンド上に逆時系列・逆変動状であらわれると、大まかに予測されよう）

ここで、幾つかの要点を単純化し、その結論イメージを提示したが、これらの多くは、年次データによる処理である。

2-6　1700年以前の太陽黒点数変動と10年平均値

1700年以前の年代は、長期にわたって信頼できる観測データに乏しく、10年平均値で処理している。この点を留意していただきたい。その意味で、試論の制約をはじめから含んだ展開である。

それでも、歴史的過程の極小期や、その前後の特徴などを考察しようと考えたとき、10年平均値は、頼りになるデータと考えて処理してみた。太陽黒点数の極小期は、どのような周期性や傾向をもっているのか、関心のもたれる点である。

太陽黒点数の100年周期、200年周期といった関係を、先に、14世紀半ば頃から、各10年頃(100年周期：谷から谷)、各大振幅期80年頃(200年周期：山から山)と単純化したが、こうした関係を踏まえて、一部の時代を10世紀頃までさかのぼり、太陽黒点数10年平均値の周期性や極小期などについて展望してみよう。

地球上、北半球規模の相対的な気候変動、そして社会変動などにも言及できればと考える。

2-7　太陽黒点数長期変動における6n期

また、過去に、太陽黒点数の期間周期、55年周期のところで、6n期が介在することで、こうした長期周期が一定に保たれている可能性を述べてきた(移動平均のため1年の誤差を許容)。この6n期も、太陽黒点数長期変動に、何か反映されているのではないかと考えている。(6n期については『脈動』114頁、参照)

6n期は、大まかに太陽黒点チューリッヒ番号がついている、約11年周期における6の倍数期である。6n期は、大振幅期に、谷とまではならない50年頃をはずしてみると、80年頃、10年頃と、大振幅期の山ゾーン、小振幅期の谷

ゾーンに該当してくる。

　そして、これらは、大振幅期の山ゾーンから小振幅期の谷ゾーンにいたる。こうして大振幅期の山ゾーンへと、200年周期を形成してくる（小振幅期の谷から大振幅期の山から小振幅期の谷、各ゾーンとみてもおなじである）。このようにして、6n期は、長期変動の変動転換期にあたることが多い関係を指摘してきた。

　なお、100年紀の10年頃、80年頃は、相対的にみて、社会変動や気候変動が多く認められる傾向があると考えた。歴史を展望したとき、そのように感じただけで、それ以上のものではないが、幾つかの事柄を記しておきたい。

　太陽黒点数変動のような、振幅が安定しない変動過程は、検証の過程で多くの説明や注意を要するため、混乱をまねくことが少なくないと心得る。

　よって出来るだけ、意図している考察の要点を、結論として先に示しておくことがよいかと考えた。

3　太陽黒点数の長期複合変動(10年平均値基準)

3-1　太陽黒点数10年平均値変動の諸類型

　太陽黒点数(SS)長期変動は、中世極大期を介し、900～1800年頃にかけて、特色ある変動をしていると考える。よって、太陽黒点数10年平均値変動を基準にし、長期展望を試みる。

　太陽黒点数長期変動(10年平均値移動2)は、100年周期と200年周期が複合型になって介在していると考えられる。100年周期は、太陽黒点数長期変動の基本周期であり、太陽黒点数約11年周期の谷が、約100年ごとにゼロ水準近くへ収束する関係を反映していると考える。200年周期は、波動振幅の大小関係を示す振幅変動と考えられる。

(1)　太陽黒点数長期変動における大振幅期の山はなぜか2峰形成が多い。

(2)　1380年頃(1360～80年頃)は例外で、その大振幅期の山が単峰形である。そして、この時期前後において、太陽黒点数長期変動の周期性に違いが認められる。よって14世紀後半は、超長期変動転換期の可能性をもつと考える。

(3)　考察対象期間は、900年～1380年～1800年頃とする。1380年頃は、変動比較基準期とする。なお、(1780～2010年頃については、年次データで紹介済であり弾力的扱いとする)

(4)　ここに示す考察対象期間は、4つの代表的極小期を含んでいる。オールト極小期(1040～80年頃)、中世温暖期(1100～1250年頃)、ウォルフ極小期(1280～1340年頃)、シュペーラー極小期(1420～1530年頃)、マウンダー極小期(1645～1715年頃)である。(この年代出所は「太陽変動 - Wikipedia」と、小泉格・安田編著『文明と環境』朝倉書店、第14章を引用)。

(5)　太陽黒点数長期変動を単純化すれば、○900年頃から1380年頃(基準期)にかけての変動を右へ折り返し、○タテ目盛りで10程度の垂直下方遷移を伴った変動とすると、○大まかにみた場合、1380～1800年頃におけ

3　太陽黒点数の長期複合変動(10年平均値基準) —— 31

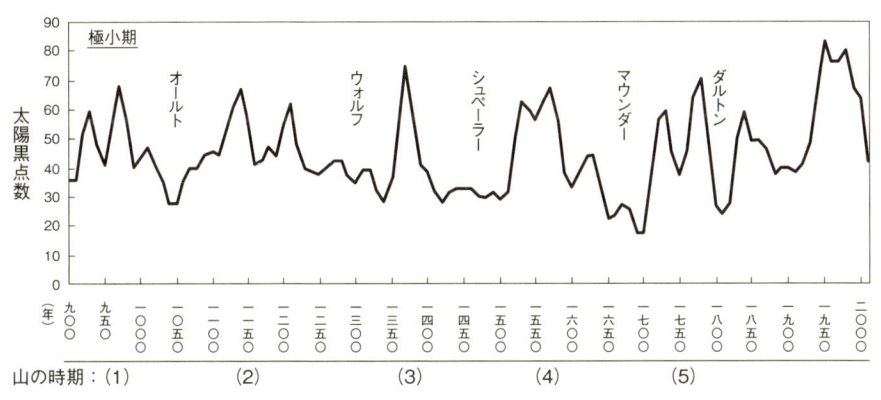

図3-1　太陽黒点数10年平均値(2期移動平均)の推移(900-2010年)

る長期変動と、ある種の類似性をもつと考えられる。長期にわたる下降トレンドを単純に補正している。

(6) また、900～1380年頃の変動局面を、○右へ180度回転して、逆時系列、逆目盛りにし、基準期を対応期にして、○正時系列変動(1380～1800年頃)と比較してみると、○大振幅期は、補完性をもった柱状の壁となり、ボックス図の黒点数振幅目盛を20～90あたりに維持すると考えている。○小振幅期は、タテ正目盛に照らして、4つの極小期が2つずつ、逆サイクルで対応する関係になっていることに気付く。

(7) これは、シュペーラー極小期、マウンダー極小期が、どのようなパターンで生じたかを変動周期上で示唆している可能性がある。

(8) こうした関係から、当該期において、1380年頃を基準期に、それ以後、太陽黒点数長期変動は、1800年頃にかけて、大まかにそれまでの変動が、逆時系列形で現れる可能性が考えられる。

大振幅、山の時期は、(1)：920～980年頃、(2)：1140～1200年頃、そして(3)：1360～80年頃(基準期)である。(4)：1520～80年頃、(5)：1720～80年頃となる。(4),(5)期は、(1),(2)期の山2峰を、埋め合わせる形になっていると考える。(凹凸補完性の指摘)

つまり逆時系列・逆変動との関係で対応したとき、補完状で柱(壁)になり、小振幅期の深さを維持する形になっていると考えられる。4つの極小期は、

このような関係において維持されていると考える。

シュペーラー極小期に対応する、ウォルフ極小期の谷は、相対的に緩やかであり、U字に近い幅の広い谷を形成している。一方、マウンダーに対応するオールト極小期は、小振幅期が鋭角的な谷を形成し、V字に近い深い谷をもつと考える。

これらが大まかに、基準期から逆時系列状であらわれ、シュペーラー極小期、マウンダー極小期に反映していると考える。

その独立性は、各対応逆サイクルの大振幅補完性によって、各100年規模の小振幅期が、オールト極小期とマウンダー極小期、ウォルフ極小期とシュペーラー極小期の対応関係で組み込まれている関係で把握されると考える。

(9) こうした関係は、太陽黒点数長期変動に、ある種の規則性に近い関係が認められる可能性を示すと考えられる。(これらの場合、変動自体は半周期で把握可能であろう)

3-2　14世紀からの太陽黒点数長期変動100年・200年周期について

ここで、1380年頃から、200年ごとに時代を区分し、その変動を抽出して、正時系列変動と、逆時系列変動を(正目盛で把握し)比較してみよう。

1. 1380～1580年頃の太陽黒点数長期変動、同逆時系列変動(対応期1480年頃)
2. 1580～1780年頃の同じ変動(対応期1680年頃)
3. 1780～1980年頃については、拙著『脈動』に、年次データ処理で示してあるので省略する。

特徴は、各基準期を基に、V字型、またはU字型 のトレンドが目立つと考えられる点にある。各基準期は、1480年頃、1680年頃、(1880年頃)であるが、その前・後50年の倍数期あたりで、おおむね同水準域に回帰傾向を示す変動特性が指摘できると考える。(例えば、1580～1780年頃)

これは、太陽黒点数長期変動が、14世紀以降、大振幅の約100年と、小振幅の約100年の「期間周期」を繰り返しながら、これらを合わせた200年

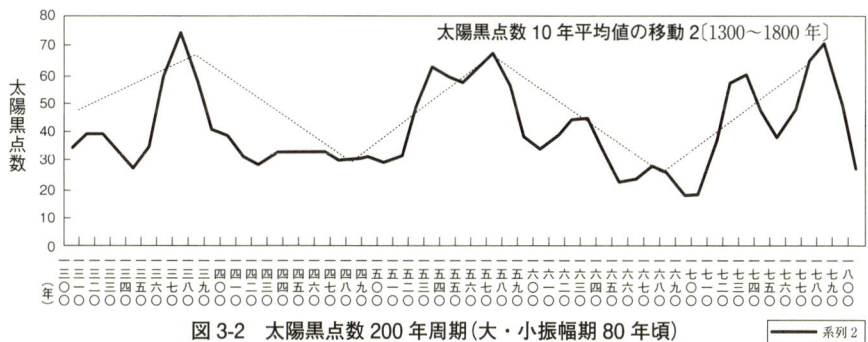

図 3-2　太陽黒点数 200 年周期（大・小振幅期 80 年頃）

の「変動周期」がセットになって、大振幅期（頭二桁が奇数期）の各 80 年頃が山ゾーン、小振幅期（頭二桁が偶数期）の各 80 年頃が谷ゾーンを形成していると考える。

こうした大まかな「振幅変動規則性」を含意していると考えられる。その変動周期が、各 80 年頃を画期にした、約 200 年周期と考えられる。

また各 10 年頃は、大・小振幅期ともに、谷ゾーンを形成する、谷の 100 年期間周期と考えられる。このような 100 年周期、200 年周期をまとめると上のようになる。

過去に、太陽黒点数の年次データを用いて、山から山が 1780 〜 1980 年頃の、約 200 年周期を考察してきた（『脈動』参照）。これは、中間期に当たる小振幅期の 1880 年頃を基準にした、前・後約 100 年にあたり、ほぼ同水準という点でも特徴をもつと考えた。そしてこの周期は、更なる過去においても出現している可能性を考えてみたい。

3-3　年次データにおける 100 年周期：各 10 年頃

なお、太陽黒点数約 11 年周期の谷の変動を取り上げ、谷から谷周期は、約 100 年ごとに、ゼロ水準近くに回帰している特徴を指摘した。これは、太陽黒点数全体の変動を反映しているから、この時期、太陽黒点数長期変動は、振幅期の大・小にかかわらず、谷ゾーンを約 100 年で形成するものと考えた。それは、各 10 年頃のことで、太陽黒点の約 100 年周期と考えられるものであった。

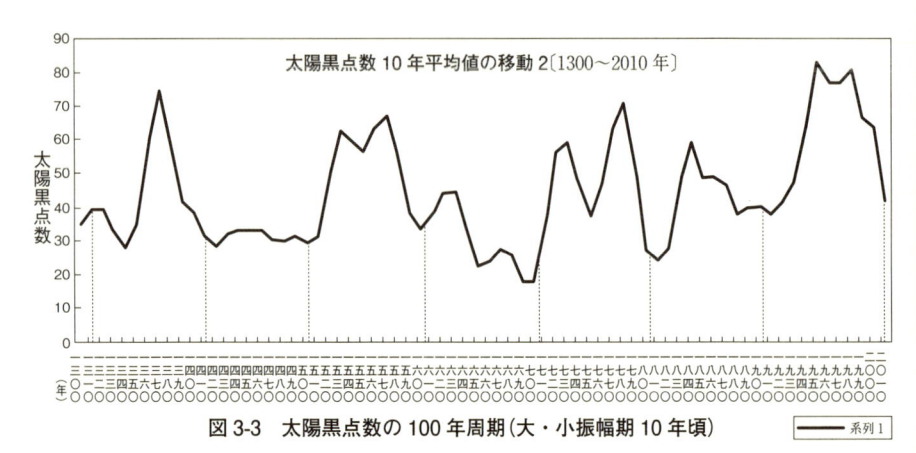

図 3-3　太陽黒点数の 100 年周期（大・小振幅期 10 年頃）

こうした関係において、太陽黒点数長期変動は、谷から谷の約 100 年期間周期と、山から山の約 200 年変動周期が、複合変動として介在していると考えた。

このことは 14 世紀以来の、太陽黒点数長期変動において、大振幅期の 80 年頃を山ゾーンとし、各年代の 10 年頃を谷ゾーンとした、大まかな変動規則性が存在する可能性を示唆するものであった。

そこで、太陽黒点数長期変動（1300～1800 年頃）の、変動軌跡上に目測で 10 年頃、大振幅期の 80 年頃をマークし、その点を結んでみると、山-山 200 年周期は 2 つ認められる。

その各中間となる谷ゾーンは、1480 年頃（1460～80 年頃を拡大解釈）、1680 年頃（1660～80 年頃を拡大解釈）で、谷ゾーンの 1480 年頃、1680 年頃を基準期にしてみると、各期は、前・後の大・小振幅期 10 年頃（20～35 水準ゾーン）、大振幅期 80 年頃（70～80 水準ゾーン）において「同水準域に回帰」していることが分かる。（図 3-2）,（図 3-8）

なお、ここで提示した、各 10 年頃、大振幅期の 80 年頃のマーク点結線は、結果として、それぞれ直線状に近い、上・下 2 本の横線で示されるゾーンになっており、意義深い関係を示唆している。（図 3-8 参照）

大まかに、タテ軸目盛 70 ラインと 35 ラインは、当該期間約 400～500 年間において、山ゾーン、谷ゾーンを画する線になっている可能性があると考えら

れる。

　更に言及すれば、下の線より下部の時期は、1340年前後、1410～1510年頃、1640～1710年頃で、太陽黒点数極小期を表す可能性があると考える。各10年頃の約100年周期は、ほぼ同水準に回帰する傾向があり、それが極小期とかかわっていると考え提示しておきたい。

3-4　太陽黒点数10年平均値の複合循環

　こうして太陽黒点数長期変動(10年平均値基準)においても、年次データで処理してきた200年周期(1780～1980年頃：基準期は1880年頃)と、おおむね同じ規模の200年周期が存在することが明らかになると考える。

(1)　太陽黒点数長期変動は、14世紀以降、大振幅期の約200年周期(山から山)、を繰り返していると考えられる。その過程で太陽黒点数長期変動は、各80年頃を山ゾーン(大振幅期)とし、それは、タテ目盛70ラインあたりの横線ゾーン上で示されると考える。(各80年期マーク点を結線したもの)

(2)　また、太陽黒点数11年周期の谷から谷ゼロ水準近傍収束の約100年周期において、各10年頃は、太陽黒点数長期変動の大・小振幅にかかわりなく、変動の谷近傍をなすと考える。この水準も、タテ目盛約35あたりの横軸ゾーンに収まってくる傾向があると考えられ、極小期ラインとしての含みをもつと考えられる。(各10年期マーク点を結線したもので、タテ軸の値は結果である)〔図3-8〕

(3)　太陽黒点数長期変動には、こうした2つの変動が「複合変動」として介在していると考える。それは太陽黒点数長期変動の、谷から谷100年周期と、山から谷から山(または谷から山から谷)の200年周期である。(なお、説明で10年頃を谷ゾーン、または小振幅期80年頃を谷ゾーンとしている二重表記点があり、疑問を感じるが、山・谷という結論表現は、その中間推移を省略している。近似関係を含め、小振幅期は、特にゾーンという表現にすべきと考え、こうした表記になった。)

(4)　なお、大振幅末期の10年頃、小振幅期の80年頃は、いわゆる太陽黒点数長期変動転換期の6n期に対応してくると考えられ、当該10年頃、80

年頃は、期間周期として200年の間隔があると考えられる。連続性をもった長期変動上では、大振幅期の6n期でない80年頃も入れて変動周期を考えるべきである。10年頃についても、6n期でない、10年頃を入れている（100年周期）。

そして、1780～1880～1980年頃の200年周期については、年次データが存在するので、これを用い、かなり明確な太陽黒点数長期変動を導出した（『脈動』参照）。そこでも、基準期をベースにした、折り返し手法と、180度回転手法などで、その特徴を提示してきた。

ここで試みている基本的な考えは、太陽黒点数10年平均値基準（2期移動平均）にしているが、それ以前の歴史的な年代においても、大まかでも同じような変動特性が伺えるものか、試行しながら、主として14世紀後半を変動転換期と考える構想を提示してみることにした。

3-5 太陽黒点数10年平均値における100年・200年周期要説

（100年周期）

なお、10年頃に関する、太陽黒点数長期変動の約100年周期について述べてみよう。太陽黒点数約11年周期は、その谷から谷周期において、約100年ごとにゼロ水準近傍へ収束回帰する傾向を指摘してきた。

これは、大振幅期、小振幅期に関係なく生ずると考えた。よって、大・小各100年規模の周期において、その末期に、各振幅期間の終わりを画するような役割を果たしていると考えられる。

こうした観点を勘案して、この約100年周期は、太陽黒点数長期変動における、谷から谷周期を形成していると考える。（各時代の10年頃が該当してくる）

歴史的過程をさかのぼっていけば、1310年頃、1410年頃、1510年頃、1610年頃、1710年頃、1810年頃、1910年頃、2010年頃が、この時期に該当してくると考えられる。

（200年周期）

なお、太陽黒点数長期変動の200年周期についてはどうであろうか。これは、大振幅期の山ゾーンを確認すると気付くことであるが、頭2桁が奇数年の

80年頃が、大振幅期の山ゾーンを形成していると考える。1580年頃、1780年頃のように。

一方、これに対して、長期変動小振幅期の80年頃を把握すると、この時期も約100年期間の小振幅期で、谷近くに相当してくる谷ゾーンであると考えた。

こうした関係に照らし、大・小振幅の80年あたりを結んでみると、山から谷から山(または谷から山から谷)の、約200年周期が繰り返していると考えられるので再説した。

これは大・小振幅の、山・谷ゾーンをめぐる変動であるから、太陽黒点数長期変動の大・小振幅変動に、200年規模の周期性があると指摘した。(図3-8参照)

この関係を把握するため、太陽黒点数10年平均値(2期移動平均)の時系列変動を、1680年頃を対応期にして、正時系列変動と、逆時系列変動を示してみる。変動は、半周期で把握できるから、1680年頃の左側部分を比較すればよいと考える。(図3-4参照)

ひとつは、1380年頃から1580年頃までの約200年周期が、逆時系列変動1780年から1980年頃にかけて、U字形の小振幅期を示し、類似性を示す点である。ふたつには、1580年頃から1680年頃で、右側へ折り返し、1680年頃から1780年頃に、V字形の深い谷を伴って類似性をもつと考えられることである。

これは大・小振幅期の200年周期が、当該期間であれば、1380年頃からU字型200年変動－V字型200年変動、そして変則U字型200年変動として、推移している可能性を含意しているとみられる。

なお、半周期(正時系列変動と逆時系列変動)1680年頃の折り返しでみると、反対方向の変化をしているのは、1800～40年頃(1520～60年頃に対応)の40年間ぐらいで、1300年頃～1680年頃の太陽黒点長期変動は、その後、2010年頃(現状)にかけて、大まかな同方向性の変動をしているとみることも可能であろう。マウンダー極小期の最深部あたりを折り返し点にして、それ以後の変動が、逆時系列変動の傾向を帯びて数百年繰り返している可能性があると考える。

こうした傾向を規定してくるのが、約100年ごとに変動の谷をつくる、太陽黒点数約11年周期の谷から谷サイクル(約100年)と考えられる。また、上に指

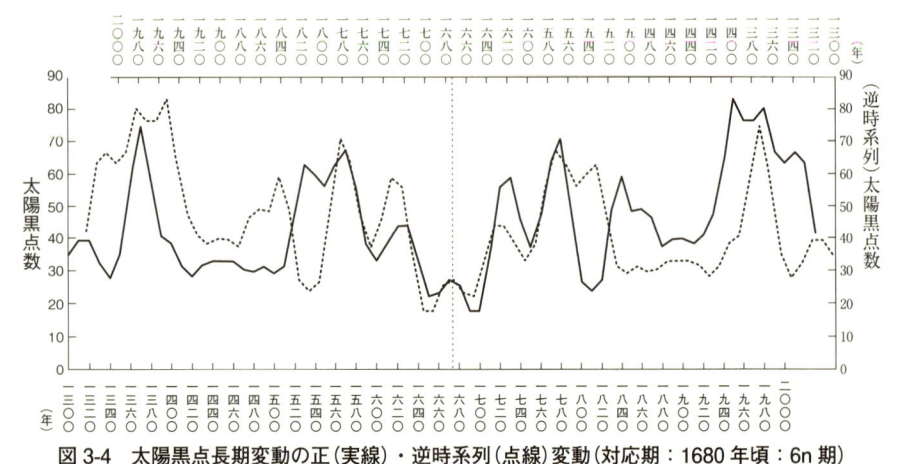

図3-4　太陽黒点長期変動の正（実線）・逆時系列（点線）変動（対応期：1680年頃：6n期）

注：当該期，太陽黒点数長期変動の大まかな特徴は，14世紀頃から17世紀末にかけて大・小振幅の約200年変動が下降傾向を示し，それ以後，トレンドが上昇傾向に変わって，トレンドに沿った大・小振幅の200年周期を形成していると考える。

摘した、1800〜40年頃と、1520〜60年頃の反対方向性の問題は、シュペーラー極小期最終期の、1510年頃の谷を維持した反動で、その後の上昇回復期が、急激である関係と、1780年頃の太陽黒点数極大期から、1810年頃の谷の周期へ、一気に下降した関係によると考えられる。各10年頃の谷形成周期に照らしてみれば、説明が可能かもしれない。

3-6　太陽黒点数200年周期と各10年・80年頃再説

　太陽黒点数10年平均値（2期移動平均）の縦軸、横軸を示し、年代を上記の14世紀から18世紀頃として変動を表示してみよう。

　そして、200年周期を認識し、1380〜1580年頃（200年）と、1580〜1780年頃（200年）を把握する。つぎに、各10年頃、80年頃を変動軌跡上にマークしてみる。各期間とも、5つのマーク点を得るので、2点をとおる直線のパターンで把握し結線してみる。（図3-8参照）

　途中の詳しい変動は把握しきれなくても、それぞれV字形の傾向が分かり、基準期を1480年頃、同1680年頃とする各200年周期を得る。

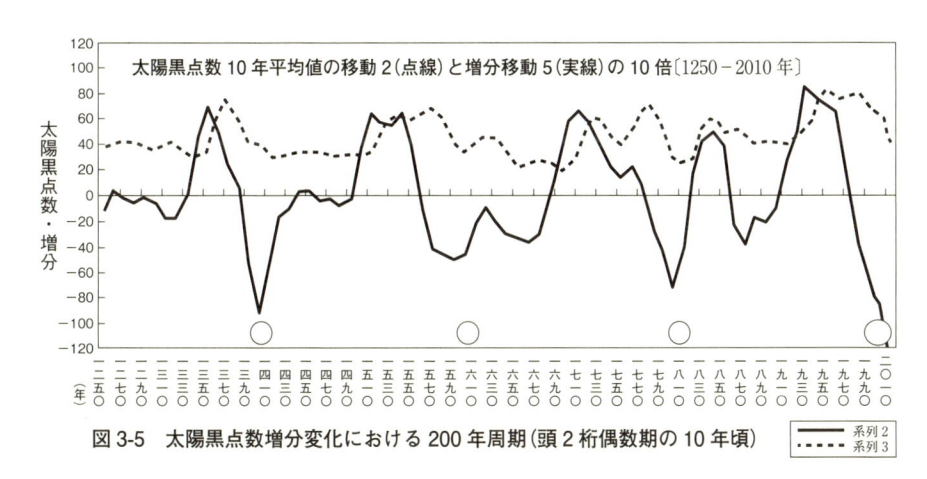

図 3-5　太陽黒点数増分変化における 200 年周期(頭 2 桁偶数期の 10 年頃)

基準期を境にして、各期間で、それまでのトレンドが、反対方向において予測され、変動についても、基準期以後、逆時系列変動傾向に準じた変化をしていることが予測される。

なお、太陽黒点数長期変動 200 年周期については、増分変化に谷の特徴が出てくる。周期性としてみる場合は、ゼロ水準を基準にした見方であるが、正負の境を消して、増分変化の変動周期として簡略化した場合、図 3-5 の増分変動から、頭二桁が偶数の年代における 10 年頃を谷から谷とした、太陽黒点数増分変化における 200 年周期が明らかになると考える。このケースを示しておきたい。

換言すると、上述のような 200 年周期において、変動軌跡に含まれる、10 年頃、80 年頃のマークを結線してみることで、太陽黒点数長期変動のトレンドが予測可能となり、これは、基準期以降のトレンドと変動を、ある程度予測すると考えられる。

3-7　太陽黒点数 6n 期と 55 年周期

これらを画しているのは、太陽黒点数 55 年周期のところで指摘してきた長期変動介在期の 6n 期である。この点に言及しておきたい。そして、これらが複合変動の状態であらわれていると考える。(拙著『気象・太陽黒点と景気変動』

同文舘、参照)

　太陽黒点数約11年周期を展望すると、太陽黒点数周期 NO.1 － NO.24 にかかわる周期において、6番目の倍数期に当たる約11年周期を除いてみると、次のようになる。おおむね、(55年＋6n期の関係)、または約66年期間周期。

　　NO.1 － NO.5（1755～1810年）：55年　　　＋　NO.6（6n 期）
　　NO.7 － NO.11（1823～1878年）：55年　　　＋　NO.12（6n 期）
　　NO.13 － NO.17（1889～1944年）：55年　　　＋　NO.18（6n 期）
　　NO.19 － NO.23（1954～2009年頃）：55年　　＋　NO.24（6n 期）

　これらの幅は、太陽黒点数の55年期間周期として把握可能と考える。
　その場合、NO.6の倍数期である、太陽黒点数約11年周期の期間を省く点に特徴があると考えた。これを6のN番目(6n期)に相当する時期とする。(移動平均のため前・後1年を許容する)
　こうしたある種の規則性をもつ太陽黒点数6n期は、どのような時期に当たるのだろうかと考え、長期変動上で変化をみてみると、6n期を10年単位に単純化して、簡略化した見方としては、1810年頃、1880年頃、1950年頃という繰り返しが、100年紀の中にうかがえる。これら6n期は、太陽黒点数長期変動の、変動転換期にあたる可能性があると考えてきた。(詳細：後述)

3-8　6n 期とひし形状の循環性について

　6n期にあたる、大振幅末期の10年頃、小振幅期の80年頃は、先に指摘した、太陽黒点数長期変動の、200年周期にかかわっている時期と考えた。また具体的言及を避けたが、6n期の50年頃に関しては、大振幅期における、山2峰形成にかかわる時期の可能性について考えている。
　太陽黒点数長期変動を扱っていく過程で、6n期は、その長期変動の循環性を示す、200～300年規模の指標になっており、長期変動転換期でもあって、太陽黒点数変動を、長期的に一定の水準に維持する関係を、可能性として指摘してきた。

ところで、1755〜2010年頃については、太陽黒点数の年次データに基づいて処理した関係上、6n期についても、かなり正確な変動が反映されていると考える。その関係における6n期の特徴を述べてみよう。

この時期にかかわる6n期は、1750年頃、1810年頃、1880年頃、1950年頃、2010年頃である。これを太陽黒点数長期変動上にマークしてみる。

そして、1780〜1980年頃の200年周期変動を介在させてみる。基準期1880年頃を折り返し期にして、変動軌跡を左側へ折り返してみる。

そうすると、6n期のマークは、上に高い矩形の形で、1950年頃の6n期マークが、1810年頃の垂線近傍上にあらわれ、2010年頃のマークは、1750年頃の6n期マークにそってあらわれてくる。これは長期的にみて、太陽黒点数の値が、一定水準に維持されている可能性の指標になると考えられる。(図5-1参照)

時系列上で、6n期の特徴を把握すると、6n期に該当する50年頃は、頭二桁が奇数の年代における大振幅期に含まれる。6n期に該当する80年頃は、小振幅期の末期に相当することが多い。更に、6n期に該当する頭2桁が偶数期の10年頃は、大振幅期の末期。そして各百年紀の10年頃と類型化できよう。

この中で、各10年頃は、太陽黒点数変動の谷ゾーンを形成しているものと考え、小振幅期末期の80年頃は、200年周期の指標になる含みを提示してきた。

こうした傾向を参考にして、6n期を知ると、頭二桁の奇数、偶数の年代を基に、大・小振幅期との関係を反映させている。

よって、この6n期が、太陽黒点数長期変動の転換期に対応してくると共に、山ゾーン、谷ゾーン、平均値ゾーンを表している関係を含むと拡大解釈している。それは、太陽黒点数長期変動が、長期的に、変動水準をほぼ一定水準に保つような、ある種の規則性をもって変動している関係を示すものと考えられる。それが6n期の意義と考える。(詳細：後述)

3-9 太陽黒点数長期変動 900〜1800年頃について

太陽黒点数長期変動に、100年、200年規模の複合変動が介在することを提示したので、当該期(900〜1800年頃)における、変動転換基準期(1380年頃想定)を基にした特徴を展望してみよう。

タテ軸の目盛は、正・逆あるものの、10～80くらいの範囲に、ほぼ収まってくる。この状態で、ボックス図と見ることもできよう。900年頃から1800年頃の太陽黒点数長期変動(10年平均値2期移動平均基準)が、逆時系列・逆変動で上側に示され、下に900年頃から1800年頃の長期変動が、正時系列で示されているボックス図である。

　ここで、〔前半期：900～1380年頃(A)〕から1380年頃(基準期)～〔後半期1380～1800年頃(B)〕において、基準期を対応期にし、Aを正時系列変動で示し、半周期にあたる基準期(1380年頃)を対応期に、上の逆時系列・逆目盛変動と比較してみる。

　基準期の単峰大振幅期を対応期にして、上下2つの時系列上に、逆変動形で、大・小振幅の各100年周期変動が示されている。そして、この2峰形を示す大振幅期が、長い時を隔てて歯車が、かみ合うように補完形で柱状の壁になってくる特徴が指摘できる。それは、大振幅期2峰における凹凸がかみ合う形になっている。

　小振幅期は、U字状の幅広い谷(シュペーラー極小期：S型)と、V字状の深い谷(マウンダー極小期：M型)を示し、その特徴が目立つが、これらは、それぞれ前者は、ウォルフ極小期、後者はオールト極小期が対応している。

　逆サイクル状で、U字形、V字形の、谷の特徴が、時系列をはるかにさかのぼる極小期変動の傾向を反映していると考えられる。

　そして、シュペーラー極小期が、何故長期にわたるかについては、ウォルフ極小期が、U字形の小振幅期をもつ、逆サイクルであらわれるためと考えられる。また、マウンダー極小期が、深い谷をもつのは、オールト極小期が、V字形の小振幅期をもち、その逆サイクルを反映しているからと考えられる。

　にわかには信じがたいことであるが、ボックス図から読み取ると、大振幅期が、約200年ごとに壁を作る形で、太陽黒点数長期変動の区切りをつくり、小振幅期は、その壁と壁の期間、大まかに100年程度の長きにわたって、過去の逆時系列小振幅期変動と、逆サイクル状で対応していることが考えられる。(図3-6参照)

　こうした状態が、上に指摘したように、2回にわたって生じていることは、当該期において、ある種の、太陽黒点数長期変動における、規則性に近い関係

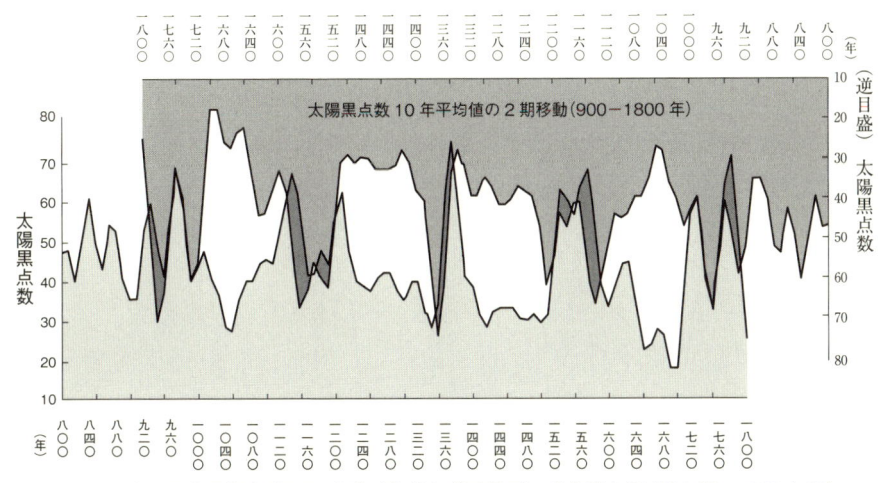

3　太陽黒点数の長期複合変動(10年平均値基準)　── 43

図3-6　太陽黒点長期変動の正時系列変動と逆時系列・逆変動の図(対応期：1380年頃)
注：約200年周期で極小期の対応関係が読み取れる。変動は半周期(1380-1780年頃で把握できる)，大振幅期は凹凸が，かみ合って柱状になる補完傾向の周期性も大切と考えられる。
S極小期：(1420-1530年頃)，M極小期：(1645-1715年頃)

があるものと考えられる。つまり、太陽黒点数変動は、長期的にみて、変動平均値45～50あたりの水準を維持しながら、変動しているが、大振幅期に凹凸が組み合わさった形の期間が、小振幅期をはさんであらわれることなどは、よほど真摯に受けとめるべき規則性と考えられる。そうした期間が800年にわたって存在することの意義を記しておきたい。

3-10　太陽黒点極小期は変動周期上どのように生じたか

　当該期の変動は、概して下降トレンドをもっており、上述のような逆サイクルを勘案した上で、下降トレンドを加味すると、シュペーラー極小期(S)、マウンダー極小期(M)が、当該1000年間ほどで、最も低い黒点数推移を持続させた期間として認識されよう。拡大解釈すると、北半球規模の地球における、気温寒冷化の時期と符合してくる。太陽黒点数極小期における、北半球規模の中緯度帯以北において、地球の気温が、相対的に低下している関係は、支持される場合が多いと考える。

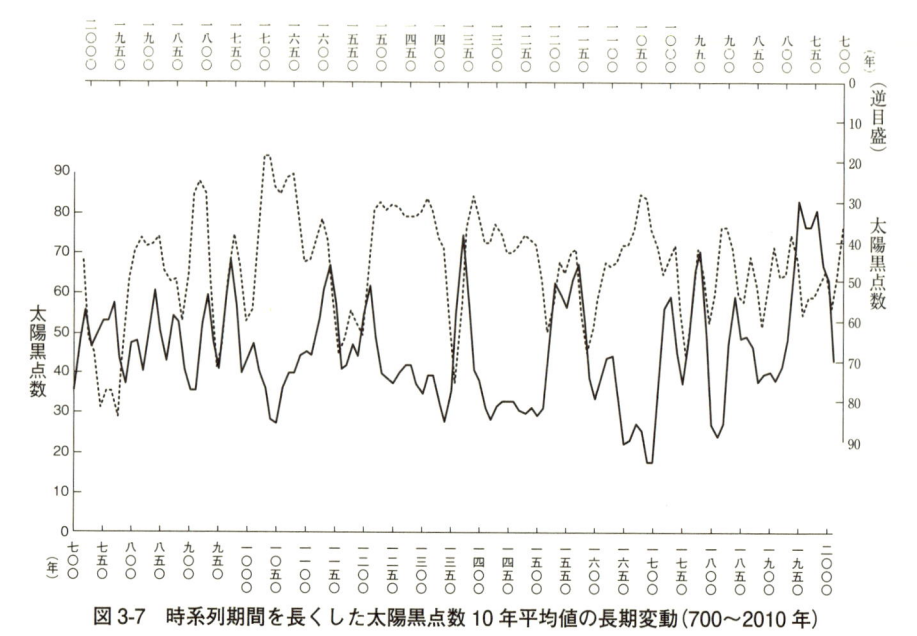

図3-7 時系列期間を長くした太陽黒点数10年平均値の長期変動(700〜2010年)

注：対応基準期：1380年頃で，点線は逆時系列・逆変動。大振幅期が，かみ合う太陽黒点数長期変動は，頭2桁奇数期の80年頃の200年周期が，980〜1780年頃にかけて認められる。なお，事後的ながら，980年頃，1180年頃の大振幅期黒点数を知れば，凹凸型の関係から，基準期をこえ，1580年頃，1780年頃の大振幅期黒点数変化を大まかに予測できると考える。(図7-10参照)，〔SS10年平均値2期移動平均〕

　そして、S型極小期、M型極小期の時代、気候は、相対的に寒冷な状態が支配的であったことが、各種の記録、歴史・環境資料などから類推されている。
　問題は、S型・M型の極小期が、どのようにして生じたかに関心が移る。先述したように、過去の長期推移をさかのぼり、大振幅同士が壁となって、過去の小振幅期変動(オールト極小期、ウォルフ極小期)を反映させている、周期性の構想は、可能性として大切と考える。一般的には、太陽活動の低下に伴い、宇宙線が地球に多くとどき、雲量の増加を招いて、太陽光の一部をさえぎり、傾向として冷涼な気候を招来させることが多いと考えられている。
　なお、こうした太陽黒点数長期変動における、200年規模の周期が繰り返しているという関係に鑑み、次に、基準期における折り返し手法の構想で、対象期間を少しでも現代に近づけ、1300〜2000年頃を考察対象期としよう。

換言すれば、80年頃を画期とした、大振幅の山、小振幅の谷を結んだ200年周期変動を展望してみることである。1680年頃(1660～80年)が、基準期になってくる。
　80年頃を山・谷とした200年周期は、現代から、過去へさかのぼる視点をもったとき、1780～1980年期間が考えられる。この期間の、山から山周期については、ひとつの推論を得ており、既に提示してきた(『脈動』参照)。
(1) 当該200年間の基準期、1880年頃の前・後50年の倍数期(対象期によって期間は異なる)において、太陽黒点数長期変動(この期間は年次データ使用)は、同水準に回帰してくる傾向が認められると考える(折返し)。
(2) 基準期(1880年頃)を対応期にして、正時系列変動と、逆時系列・逆変動を比較すると、約40年規模で、同方向変化と反対方向変化を繰り返している。よって、太陽黒点数長期変動は、一定の期間をおいて、逆時系列変動と同方向、反対方向の変動を繰り返している、大まかな規則性があると考えられる(180度回転)。

こうした関係を参考にして、①のケースに照らして比較してみよう。10年平均値を使用するので、精緻な関係は無理であるが、類似したような傾向が認められる可能性がある。
　A：1380～1580年頃、
　B：1580～1780年頃、
この各200年期間について展望してみよう(太陽黒点数10年平均値基準を使用)。A期間の基準期は、1480年頃、B期間の基準期は1680年頃である。(1780～1980年頃は過去に年次データで処理済：省略)
　当該、各200年間の変動を把握し、正時系列変動、逆時系列変動を、各基準期で対応させ比較してみる。
　これらにおいても、1780～1980年頃の年次データで認識してきた関係(折返し手法)に照らし、基準期から、前・後50年の倍数期に、同水準へ回帰傾向を示す関係を検証してみよう。
　この傾向が予測されるのは、1380～1580年頃(基準期1480年頃)と、1580～1780年頃(基準期1680年頃)であるから、10年平均値データ(移動2)において、正時系列変動、逆時系列変動を、対応基準期から見た場合、前・後40～50年

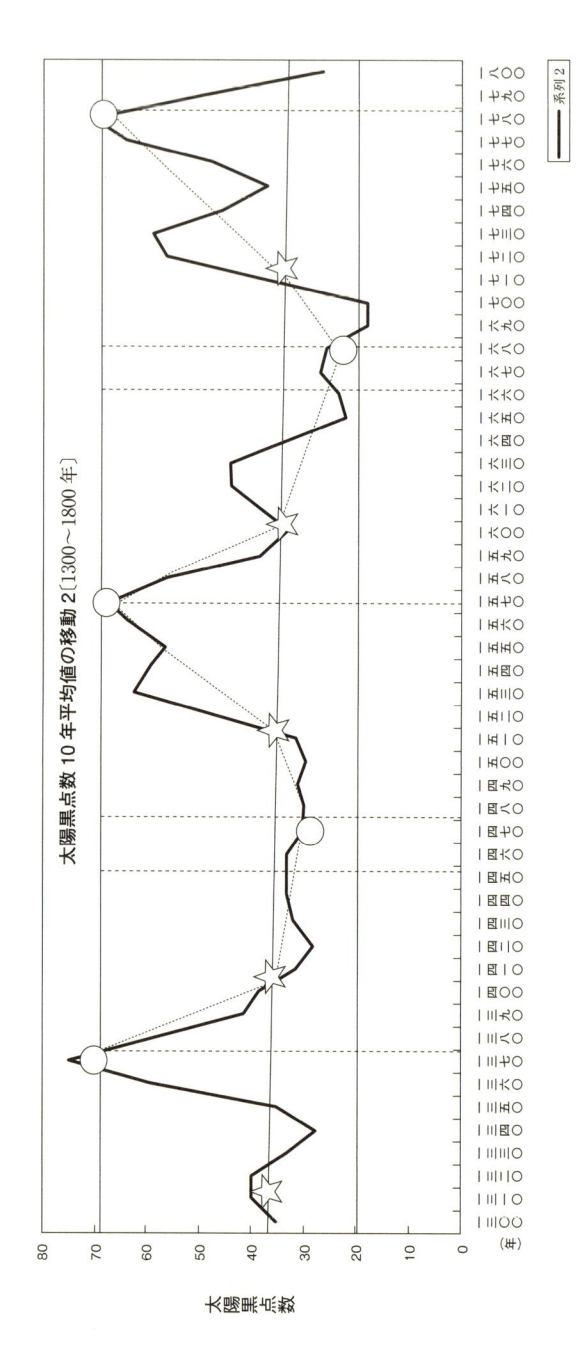

図 3-8 太陽黒点数長期変動の極小期 2 つの変動特性（200 年周期で U 字型、V 字型に、ある種の規則性が読みとれる）

注：上の○印は、各 80 年頃は、大振幅山ゾーンで黒点数 70 水準あたり。下の○印は、小振幅期 80 年頃の谷ゾーンで黒点数 20-35 水準あたり。☆印は、大・小振幅各 10 年頃で黒点数 35 水準あたりに収束傾向を示し、谷ゾーンの上辺をしめす。

の倍数期頃に、同水準へ回帰する傾向がうかがえそうである。(図 3-8)

　その特徴は次のようになる。

(1) 1310 年頃から 1710 年頃にかけて、各 10 年頃の太陽黒点数(タテ軸目盛)が、大まかに見て、ほぼ横直列状態の直線状になってくる特徴である。太陽黒点数長期変動上で、各 10 年頃の値が、同じような水準ゾーンにあらわれている関係は、同期間の 100 年ごとに、おおむね同水準に回帰傾向をもつと指摘できよう。

(2) 大振幅期の各 80 年頃を見直すと、こちらの値も、ほぼ直線状に繋がってくる。

(3) その結果、各 200 年周期において、A 期間(1380〜1580 年頃)、B 期間(1580〜1780 年頃)共に、基準期である 1480 年頃、1680 年頃を前後して、各 10 年頃、80 年頃が同水準域で、トレンドは、U 字型または V 字型になってくると考える。

(4) 上に述べた 200 年周期において、大振幅期の 80 年頃(山)と、小振幅の 80 年頃(谷)は、その間、各 10 年頃の同水準域をとおることによって、正・逆時系列変動が、そのトレンドにおいて、対応形になっている特性をもつ可能性がある。また、こうした形で、各 10 年頃、各 80 年頃は、関連性をもっているといえよう。

(5) 太陽黒点数長期変動において、14 世紀から 20 世紀頃にかけて、こうした 200 年周期が繰り返している可能性がある。よって、変動の傾向そのものは、半周期で把握できよう。太陽黒点数、約 200 年周期からは、14 世紀後半を基準に、正・逆サイクルを対応させた場合、大振幅期の 2 峰がかみ合う周期性があるという指摘も大切である。太陽黒点極小期と炭素 14 の比較などから導かれる気候環境変化に比類すると考える。

　木の年輪測定などから得た、太陽黒点数 10 年平均値というデータは、観測データ年次統計と比較すると、議論の余地を残すが、歴史的過去へ遡る考察において、変動の可能性をはかる場合、ひとつの指標であると考える。

3-11 太陽黒点数長期変動と前期比増分変化(1300～2010年頃)

　太陽黒点数長期変動(10年平均値の2期移動)を提示し、その前期比増分(5期移動)変化を提示してみよう。この図から可能性として予測されることは、長期変動の約200年周期が、増分変化でどのように出ているかという関係と、各10年頃が、増分の谷、そしてゼロ水準近傍にあらわれる繰り返しになっていることである。(図3-9)

　1410～1510年頃、1610～1710年頃、この期間は、増分負領域の谷からゼロ水準域(ゼロを山とする)をカバーしている。この期間は、シュペーラー極小期(1420～1530年頃)、マウンダー極小期(1645～1715年頃)近くの時期であり、大まかな極小期概念について、増分変化の谷からゼロ水準近くで把握される可能性があると考える。

　なお、当該期は、1410～1510～1610～1710年頃と、小振幅、大振幅、小振幅の百年周期を代弁する形になっている。(100年周期の谷-谷ゾーン)

　そして、太陽黒点数長期変動におけるシュペーラー極小期とマウンダー極小期は、約100年周期の小振幅期が、大振幅期(約100年)を壁として、振幅期を独立させたような形で、過去の極小期であるオールト極小期、ウォルフ極小期

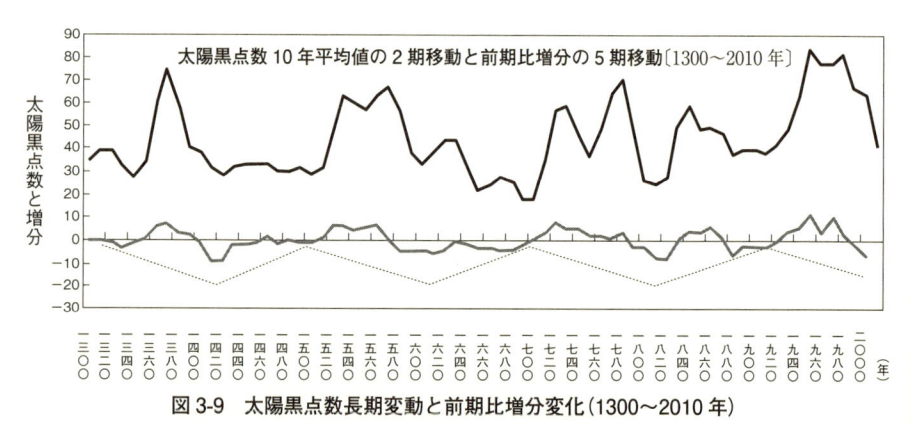

図3-9　太陽黒点数長期変動と前期比増分変化(1300～2010年)

注：直線で示した下のサイクルは、増分の谷と増分のゼロ水準を結んだもの。
　　各10年頃あたり、上昇局面は小振幅期、下降局面は大振幅期に対応。
　　(10年平均値より長い変動を長期変動としている。2期間移動平均はそのスムージング)

が、逆時系列、逆サイクル状であらわれている関係をこの側面から類推しておきたい。

3-12 太陽黒点数約11年周期における谷の周期(谷から谷の約100年周期と逆時系列・逆変動との比較：対応期1901年頃)

太陽黒点数長期変動を久しくみていると、過去一定期間のサイクルが、時代をこえて逆サイクルであらわれていることがある。
見方にもよるが、例えば次のようなケースが参考になろう。

(1) 太陽黒点数長期変動(20年移動平均)の変動軌跡を見ていると、ダルトン極小期(1790～1820年頃)は、1950年前後の大きな山の変動に、逆時系列、逆サイクルで類似していると考えられる。つまり、変動平均値からは変動が消える可能性がある。(期間：1760～2010年頃：基準期は1880年頃)〔図2-3参照〕

(2) 太陽黒点数長期変動は、1880年頃を対応基準期にして、過去の逆時系列・逆変動図と比較した場合、約40年ごとに変動方向を変えている。両者が、ほぼ同じような変動を繰り返す約40年間と、反対方向の変動をする約40年間が、繰り返していると指摘してきた。(正目盛基準)〔長期変動の水準維持と考える〕

(3) ここで問題としている、太陽黒点数約11年周期における、谷から谷の変動は、約100年ごとに、ゼロ水準近傍に収束する傾向があると指摘したものである。その変動をみてみよう。

(4) そして、この変動軌跡をみたとき、(1)、(3)は、傾向として類似したものがあると感じた。(ADトレンド線を基準に変動をみる：図3-10)
　そこで、対応期を1901年にして、同じように、正・逆サイクル図を作成し、比較してみると、1867年～1933年の独立変動期間(後述)を別にすると、1784～1867年の、太陽黒点数約11年周期における谷の変動軌跡が、上述の期間をこえ、1933～2009年頃にかけ、ほぼ逆サイクルで、トレンド上にあらわれていると考えた。(図3-11)

(5) これは、ある程度の、変動規則性に関する可能性を示唆するものである

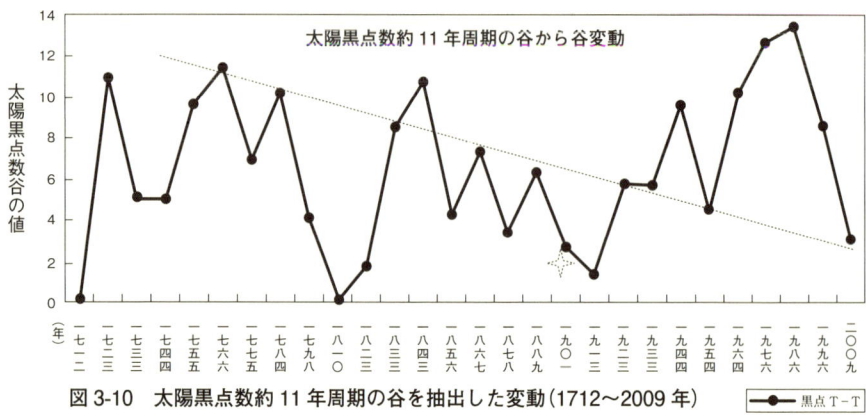

図 3-10　太陽黒点数約 11 年周期の谷を抽出した変動（1712〜2009 年）　●— 黒点 T-T

注：谷の変動は，1930 年頃までは，SS20 年移動平均，1930 年以後は，基準期（1880 年頃）で右へ折り返したSS20 年移動平均図に類似変化（後に詳述）。

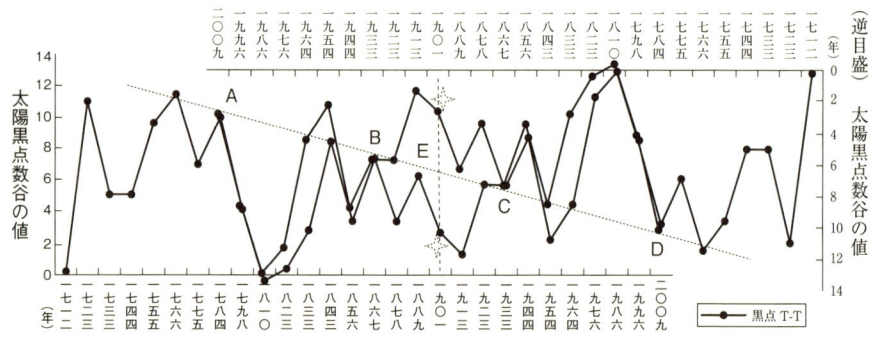

図 3-11　年次データ処理による太陽黒点数約 11 年周期における谷から谷の変動と逆時系列・逆変動の関係（対応期：1901 年頃）〔期間：1712〜2009 年〕

と考える。正時系列・正目盛図と、逆時系列・逆変動図を、一定の基準期（垂線）において対応させ、ボックス図のような関係で、トレンドを把握した場合、太陽黒点数変動が、そのトレンドを基準に、ほぼ 180 度回転した形で、予測される可能性を示唆したものである。例えば、(3)の 1784〜1867 年頃の変動は、基準期までのトレンドを、180 度回転した線にそって、時を隔てた、1933〜2009 年頃における、谷の変動に近似していると考え

られる。

(6) 単純化すると、ADトレンド 基準でみたAB期間の負変動が、CD期間に類似形の逆時系列・逆変動であらわれているといえる。これは、太陽黒点数約11年周期における、谷の変動特性と考える。(図3-11参照)

トレンド線を基準に、AB期の負変動が、基準期(1901年頃)を含む変動を介し、大まかながら、CD期(1933年から2009年)にかけて逆時系列・逆変動であらわれてくる。(太陽黒点数20年移動平均のときのように40年ごとに変動方向を変えていないことが特徴)。換言すれば、谷の変動は、より長期の変動性を示すと考える。

基準期は、1901年頃である。なお、1867年〜基準期〜1933年頃は、トレンド上の基準期が180度回転することで、AB期の変動が、CD期に、AB期の逆サイクル状の変動として生じる懐妊期間になっていると考えられる。

現時点では、予測期間は、1933〜2009年であるが、この傾向が持続するとすれば、2020年頃(谷)の谷が考えられる。

(7) 逆サイクルが乖離幅をもつ1867〜1933年頃については、基準期を前後しており、独立に1867〜1933年期間の変動軌跡を得て、トレンド線を含むBCを、点Eで180度回転すると空白域をもつ逆変動軌跡が提示できよう。

(8) 変動そのものは、半周期で、正変動、逆変動として把握できるが、乖離幅をもつ変動については、基準期を介した説明でないと、負領域と正領域をわたるような変化の含みがあるとみられる。

(9) 以上述べた関係は、類似性に関心を寄せたものだが、(1)と(3)が違う点は次のようなものである。(図3-12と図3-13)

(1)は、太陽黒点数長期変動の正時系列変動と、逆時系列・逆目盛変動を、基準期(1880年頃)で対応させた場合、約40年ごとに同方向・反対方向の変動を繰り返している傾向を指摘した。これは長期変動が約40年ごとに変動方向を変えていることと推論した。

(3)の太陽黒点数約11年周期における谷から谷の変動は、1784〜2009年頃にかけて、ADトレンド帯が認められ、それを基準にしてBC期を独立に扱うと、「ABの期間

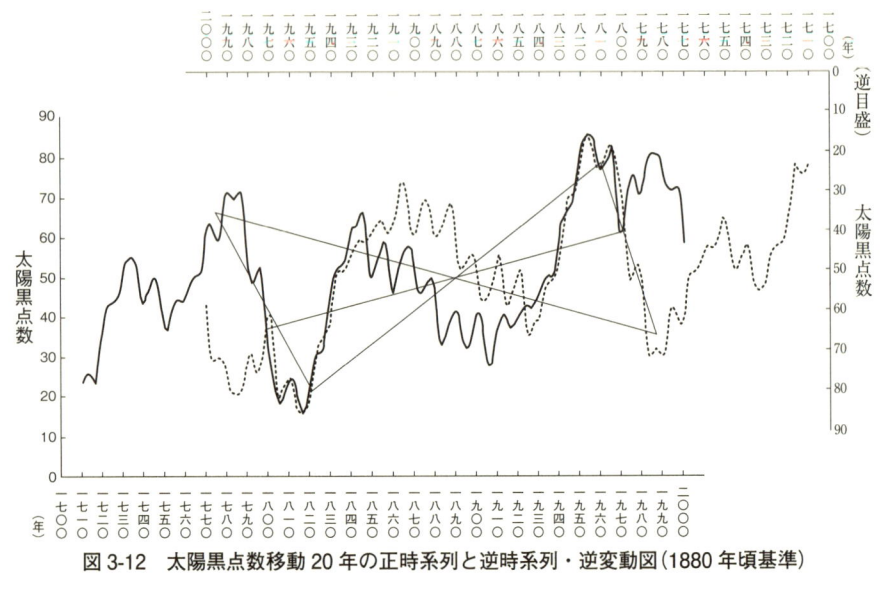

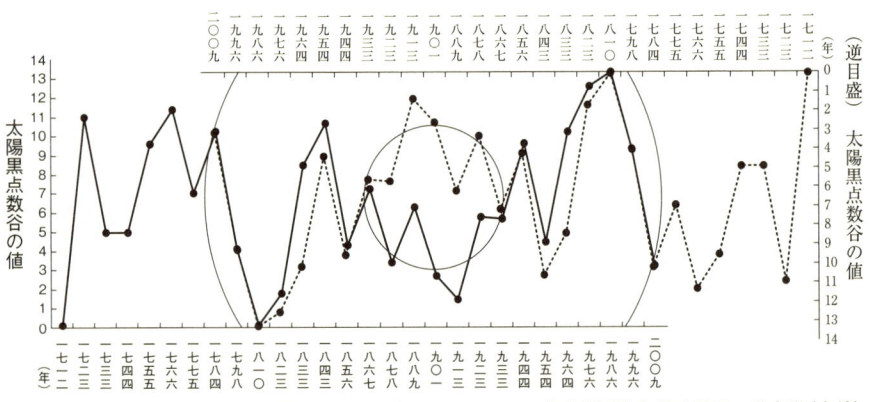

図 3-12　太陽黒点数移動 20 年の正時系列と逆時系列・逆変動図（1880 年頃基準）

図 3-13　太陽黒点数約 11 年周期における谷値の谷から谷への変動（実線）と逆時系列・逆変動（点線）
注：1901 年対応期, 円を付して中心からの期間把握を容易にした。(図 3-11 参照)

における約 80 年間の谷の負変動が、時を隔てて 1933 〜 2009 年頃にかけて逆時系列、逆変動型の変動であらわれる、大まかな規則性が考えられる。(AD トレンド上)、〔図 3-11 参照〕

3-13　予測可能期間 1933 ～ 2009 年頃について（谷の変動）

　以上の関係を要約すると、太陽黒点数約 11 年周期変動において、その谷だけを結んだ谷の変動は次のように示される。

(1)　図 3-10 におけるトレンド線に沿って、AB 間の変動が、右へ 180 度回転し CD 上に、時系列をさかのぼる形で、年月を経て逆サイクルであらわれてくると考える。（山のトレンドだったものが、時を経て谷のトレンドに変わっている）（記号：図 3-11）

(2)　また、BC 上の変動は、独立した形で、基準期の点 E を含んでおり、BC 間の変動は、そのままである（逆時系列・逆変動とは乖離幅の空白期間をもっている特徴がある）。

(3)　よって、予測可能な期間は、対象期間である 1712 ～ 2009 年頃において、「CD 期間（1933-2009 年頃）の変動」である。トレンドに照らし、A：1784 年から B：1867 年の変動は、これが谷サイクルの山ゾーンになっているが（正時系列変動）、BC 期間（1867 ～ 1933 年）を空白期としてとばし、CD 期間（1933 ～ 2009 年頃）には、トレンドに沿って、AB の変動が、逆時系列・逆変動であらわれてくると考えられる。

　よって、ここでトレンドといっている傾向線は、山のトレンドが、一定期間

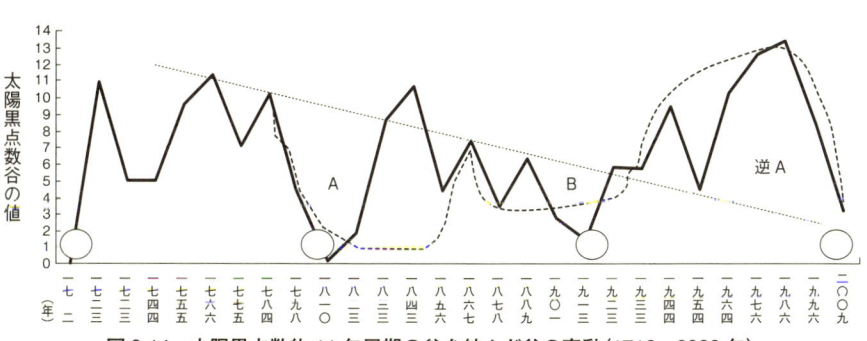

図 3-14　太陽黒点数約 11 年周期の谷を結んだ谷の変動（1712～2009 年）

注：太陽黒点数約 100 年周期が読み取れる（丸印）　　　　　　　　　　　　──黒点 T 値
　A 期間のトレンド線は、ほぼ谷の山を示す。B 期間を独立に扱うと、逆 A 期間は、トレンドが谷ラインになり、変動は逆時系列・逆変動になっている（この期間は予測可能）。この傾向が持続するとすれば、2020 年頃、2030 年頃の谷はトレンド線延長上で把握の可能性あり。

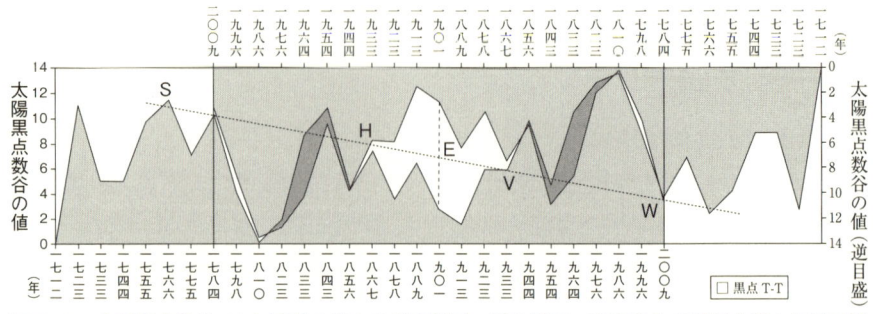

図 3-15　太陽黒点数約 11 年周期の谷から谷変動図：逆時系列・逆変動との関係を網かけ図で補完提示(対応期：1901 年頃)〔期間：1712～2009 年〕

注：太陽黒点谷の変動は，対応期の空白期間を別にすると，大まかに，時を隔て，トレンド上で逆時系列・逆変動が補完性をもってあらわれる規則性があると考えられる。

を経て、谷のトレンドとして連続している特徴が認められる。この先を単純な予測ではかると、トレンド線の右端から先が、その時期で、太陽黒点数約 11 年周期の次の谷は 2020 年頃が予測される。以上の説明に用いてきた関係を単純化すると、次のように示されよう。見づらい点もあるが全体の説明を反映している。

3-14　太陽黒点極小期のあらわれ方に関する試論

先に示した、図 3-6、図 3-7 のところで示すべきであったかと思うが、少し間をおいたほうがよいと考え、意図的に提示を後にした。

太陽黒点長期変動は、10 年平均値でそれを示した場合、900 年頃から 1800 年頃にかけて、山の黒点数が、約 70 水準あたりにそろってくる特徴があった。そして、大振幅期、小振幅期、各 100 年程度の周期性を繰り返しながら、長期変動を形成していると述べた。その場合、大振幅期の山は、2 峰形成が多いと指摘した。しかし、1380 年頃だけは、単峰になっており、変動周期性を考える上で、ひとつの転換期になっている可能性を述べた。そして半周期の間には、オールト極小期、ウォルフ極小期の 2 つが介在している。

その特徴を把握するため、ここでは、大振幅期の特異な凹凸かみ合わせ形状が、何らかの形で、極小期形成に関わっていると考えた。そのため、どのよう

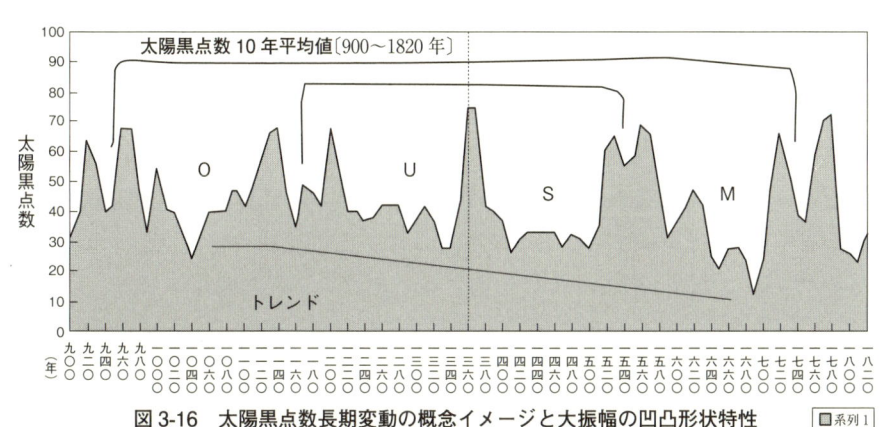

3　太陽黒点数の長期複合変動（10年平均値基準）── 55

図3-16　太陽黒点数長期変動の概念イメージと大振幅の凹凸形状特性　　□系列1

注：かみ合った状態は図3-6参照。1380年頃を基準期に、前後に線を引いたところが凸凹対応期（太陽黒点極小期の特異な関係）。英文字は極小期略記号。

な関係を構想しているか、半周期変動を用いた観点を整理してみよう。

　図のような、左・右、半周期の太陽黒点数長期変動において、900〜1380年頃の変動を基に、ボックス状の変動域とみなし、タテ軸は、正目盛、逆目盛ともに、太陽黒点数0〜100とする（逆目盛：略）。ヨコ軸は、正時系列、逆時系列（略）の対応期を1380年頃とし、期間を900〜1820年頃とする。そして、大振幅期、山期の2峰は、これを埋めるように、実線で結んだ大振幅期の山とする。1380年頃は、クシの歯がかみ合うように、逆の単峰形をイメージすると、そのまま山になると考える。小振幅期は、大まかに記号で記した極小期が収まっていると考える。こうして、半周期、3つの山と、2つの谷（U字、V字型）を得るので、1380年頃の垂線を目安に、実線のつながりを右へ180度回転してみると、概略と断った上で、そこにあらわれる変動は、シュペーラ極小期、マウンダー極小期を含む形で、大振幅期の凹凸が、かみ合った柱状（壁）になっていると考える（図3-6参照）。そして、それは太陽黒点数長期変動を予測した状態になっていると考えられる。

3-15　太陽黒点数極小期：マウンダー極小期の特徴に関する所見

　太陽黒点数長期変動の推移を約1千年にわたってみていると、変動特性とい

う観点からも、マウンダー極小期は際立っていると考えられる。先にも指摘したように、太陽活動の低下は、地球へ与える光エネルギーや電磁波などを低下させ、宇宙線の影響を大きくして、雲量を増加させ、相対的に寒冷な地球環境を準備することが知られている。

また、単純化してみれば、太陽からの光エネルギーは、地球の大気層、大気循環を介して、光エネルギーを与えていると考えられる。その太陽の活動自体が数十年にわたって弱まっていることは、物理的な衰退が分からないとしても、宇宙線が増加するという形で代替指標になろう。そして、北半球規模の気候において、冷涼な気候条件が優勢になると、1810年頃や、この1645～1715年あたりで、気候条件の悪化が、歴史に反映した影のようなものが、もう少し強調されてもいいような感じがする。

気候条件の変動は、大気循環の変化を介したもので、太陽活動と地球の気候環境を直結するわけにもいかないが、マウンダー極小期のような場合は、顕著な太陽活動の衰退（黒点数低下）が認められる訳で、相対的気候寒冷期として、社会変動などと比較することも許されよう。

そして、気候悪化は、ロンドンのテムズ川を凍らせるような冬の寒さ、厳寒だけを意味しない。フランスあたりを加えて考えると、夏の冷涼とした冷夏年は、主要穀物や果実の収穫におおきな影響を与えた。多くの場合、湿潤で冷涼とした気候が冷夏の基本的パターンであった。

こうして、気候環境の側面から見れば、厳冬は勿論、冷夏、旱魃などの夏季気象条件の悪化頻発とその連鎖的生起こそが、食糧収穫不足から、社会不安へ発展し、その繰り返しが、農民・庶民と、領主・行政サイドとの摩擦要因になっていた共通要因といえる。

大気循環系において、恵まれない期間は、時に台風並みの大きな嵐が吹き荒れたことも知られている。穀物や果実は、日照が少ないために、うまく結実しないという絶対条件不足のほかに、嵐や大雨で、なぎ倒されるとか、水をかぶる、倒壊・落下する、砂・土砂などに埋まるといった、気候環境、自然災害の影響が大きい。

そして、冷涼とした湿潤な夏の後には、多くは厳寒の吹雪と凍てつく寒々しい冬が待っていたといえる。そうした傾向の認められることが少なくなかった

といえよう。

　ヨーロッパにおける、アルプス氷河の前進は、マウンダー極小期のような気候環境悪化期に認められたと考えられる。こうして、当時の大国、イギリス、フランスなどの農民、庶民は、長期保存の難しい、食糧確保と生存維持を身近な重要事項として生活し、収穫への感謝が神への祈りであった。教会はそうした意味において誠に神聖な場であったとおもわれる。

　それはともかく、イギリスでは、17世紀前半から、気候環境の悪化傾向がみられ、備蓄手段に乏しく、国際交易に問題のある17～18世紀農業は、イギリス、フランスといった大国でも、年毎の穀物収穫量確保、ジャガイモの確保（英国領域）、そしてブドーの収穫確保が、何よりも大切であった。産業革命の槌音が聞こえ始めていたイギリスを別にすると、流通関係業者などを除いて別にした都市勤労者は未だ少なく、農民の比率に比較すると1/5程度としたものであろう。そして、農民・市民の関心は、年毎に仕切りなおす、食糧の確保こそが収穫への願いであり、生活規律の安全保障であったといえる。

　衣食足りて礼節を知る、モノ豊かな今日的視点では、なかなか分かりづらい点であるが、先進国の多くも、20世紀にいたるまでは、食糧の確保が、日々の仕事における主要な目的のひとつであった、というのは言い過ぎであろうか。気候変化と社会変動をみるにつけ、安定した治世と、市民革命が起こるような治世の相違として、その根底に、決まったように、食糧不足問題が介在しているように思われる。

　それは、冷夏や旱魃の年の多さ、気候不順な夏の頻度の多さであり、収穫不良、飢饉の年が続く怖さであった。冬の寒さばかりが強調される傾向がある極小期であるが、冷涼とした夏、湿潤な雨の多い夏、嵐の多い夏、日照に恵まれない夏の連鎖的発生と、それに関連した穀物、ジャガイモ、ブドーなどの収穫不良、凶作による弊害が、極小期の代表的怖さだと考えられる。

　マウンダー極小期は、気候面から見ても、17世紀前半から、その兆候をあらわしていたが、イギリスでは、マウンダー極小期の気候不順と収穫不良、飢饉を踏まえ、新教とフロンティア精神を旗印にして、アメリカ新大陸など、植民地への移住開拓政策で打開した。こうした環境変化に対して、ひとつの途を開いたと考えられる。直接の因果関係を述べるものではないが、清教徒革命

(1649年)や名誉革命(1688年)が、マウンダー極小期(1645～1715年)の期間に生じていることは、先述した、夏の気候環境不良と収穫量不足、凶作、農産物価格の高騰と生活の困窮、そして厳寒の冬期連鎖などによる、追い討ちのダメージなどが考えられる。農民、庶民の生活困窮、貧困蔓延に伴う勤労の厭世観が、底流をなしていると考える。

　一方、マウンダー極小期ではないが、18世紀後半にかけて、ダルトン極小期の入り口、つまり、太陽黒点数長期変動の大振幅期の急激な下降後退局面で、フランスにおいて、気候環境不順が生起している。度重なる冷涼とした夏や、嵐が多発し、湿潤な夏が多く、ときに旱魃気味の気候環境に急転するような天候が支配的であった。農民、貧民の生活困窮が教会の食糧救済程度では、間に合わなくなり、それは、一部地域で暴動化してきた。

　また、当該期は、隣国、イギリスの産業革命期で、繊維産業部門の格差が目立った。こうした傾向をまともに反映して、フランスの繊維産業部門は、綿布輸入と、繊維製品価格面で比較劣位に陥ってしまった。必然的に、繊維関連工業部門からの失業者も急増してくることになり、農業・工業・行政部門において、立ち遅れた結果、折からの気候環境不順期に、農・工貧民層の急拡大という生活困窮者増加により、生存問題として、命がけの食糧入手活動を始めたことが、一部地域における領主と農民の抗争に発展した。

　暴徒化した農民は、地域富裕層などの先導に従って、整然とした食糧確保の抗議行動を国王にまで訴えるようになった。これはフランス革命(1789年)と、ベルサイユ宮殿というキーワードで示されることが多い。そしてヨーロッパを代表する市民革命であるが、気候環境不順と、凶作、飢饉などの連鎖による農民、庶民の生活困窮が根底に介在していたことを、気候環境の側面から指摘しておくべきであろう。

　(この分野で参考にした主な文献は次のようなものである。①ブドーの収穫日などから予測した長期気温変動ほかは、ブライアン・フェイガン『歴史を変えた気候大変動』河出書房出版、2001年。②エマニュエル・ル＝ロワ＝ラデュリ『気候の歴史』藤原書店、2000年。③高橋浩一郎『生存の条件』毎日新聞社、1982年。)

4 太陽黒点数の100年・200年周期と気候・社会変動

4-1 各80年頃と200年周期

　太陽黒点数長期変動には、大・小振幅に約100年周期が認められると考える。これは単純化して各10年頃という概念で把握している。また大振幅期の山を基準に、その山から山周期で見た場合、約200年周期が認められる。これを単純化すると、80年頃という時代区分概念で示されよう。太陽黒点数長期変動における、大振幅期の山から山周期(200年)をベースにして展望してみよう。

　1350～2010年頃にかけて、太陽黒点数長期変動(10年平均値基準)は、山期(大振幅期)が4回、谷期(小振幅期)が3回認められると考える。

　こうした単純化を基にして、各80年頃を結んだ変動が、最も単純化した場合の200年周期を形成していると考える。

　このような時代に、歴史的には、どのような気候変動や経済・社会変動が生じていたのだろうか。展望し比較してみよう。

4-2 200年周期

(1380～1580年頃)

　1380年頃(大振幅山期)：ヨーロッパは、ルネサンス前期の時代にあたり、キリスト教など、神への感謝と宗教の権威が絶大であった時代から、新しい文明や宗教観を礎にした、文明の発揚と海洋などに志向した、活動拡大における萌芽のような時代が訪れた。これが初期技術改革や、科学分野の息吹をもたらして、イタリアの北部都市：フィレンツェなどから、その後、フランス、ドイツあたりから、文明の弾けが生じた時代と考えられる。疫病の流行や気候環境変化など、中世からの気候変動期であった。

　1480年頃(小振幅期谷あたり)：シュペーラー極小期として知られる時代に含まれ、地球環境は、相対的に寒冷な時期が支配的であったとされる。こうした

環境条件の厳しい時代の中から、海洋冒険の時代が始まり、それはいずれ、コロンブスの新大陸発見、バスコ・ダ・ガマの喜望峰まわりインド航路の発見、そして、マゼランの世界一周航路発見などへ発展し、大航海時代の幕をあけることになった。それに伴い海洋貿易の飛躍的拡大をもたらした。経済圏の飛躍的拡大が、世界を広げた時代である。

(1580～1780年頃)

1580年頃(大振幅山期)：大航海時代は、ポルトガル、イスパニアなどに代表されるように、覇権国家イベリア半島の時代として、中継貿易全盛の時代を出現させた。そうした状況推移の中で、イスパニア無敵艦隊の海軍力は絶大なものであったが、1588年アルマダの戦いにおいて、イギリス艦隊は、イスパニアの無敵艦隊を撃破し、この時代以降、オランダ、イギリスが主導権を得て重商主義政策を推進する時代に移り、隆盛化してくる。植民地獲得競争の時代と、輸出拡大、そして富の蓄積が推進され、ヨーロッパの豊かさを象徴する礎になっている時代である。

1600年代中葉にいたると、イギリスでは清教徒革命(1649年)が起こってくる。新教の普及だけでなく、ピュリターンとメイフラワー号(1620年)という響きの中に新教と、開拓者精神が同時に織り込まれ、新大陸開拓の始まりを告げる記念碑のようなイメージをもっている。この1640年代というのは、マウンダー極小期(1645～1715年)の入り口であった。想像の域を出るものではないが、気候の、相対的寒冷化が進み、ヨーロッパで、アルプス以北の地域は、おしなべて食糧需給の逼迫などが認められたと想像される。この時期を境に、50年、100年規模の長期にわたって、ドイツ、イギリス、北欧などから、北アメリカへの移住が拡大した。その背景に、こうしたマウンダー極小期の相対的に寒冷な気候と食糧、飢饉の頻発、貧困層拡大などの生活事情が介在したと考えられる。

イギリスでは、名誉革命(1688年)に伴い立憲君主制が成立し、近代国家の枠組みが整う時代を前に、気候の相対的寒冷とペスト・疫病の蔓延など、ヨーロッパ全体において、朗らかな明るさがみえにくい時代とも感じられる。

なぜか、この冷涼とした気候の下で、科学の面における進歩は著しく、ガリ

レオやニュートンに代表される、歴史的発見や基礎的技術革新が進展している。

なお、東洋においては、中国で清朝が勃興してくる。歴史的にみれば、北方民族による中国支配という形になり、広大な領地をもつ長期政権の樹立期であった。相対的寒冷化に伴う、北方民族の南下は、気候悪化と民族大移動に類する新しい政権という見方も許されようか。

日本は、17世紀初頭から、19世紀後半にいたる、江戸時代の政権樹立期、安定期に対応してくる。中国における清朝、日本における江戸時代、それぞれに、200～300年続く長期政権になっていることを勘案すると、冷涼とした気候環境が優先し、社会変動を沈静化させたことも、ひとつの見方としては考えられよう。

マウンダー極小期は、過去1千年ぐらいの太陽黒点数変動推移でみると、著しく水準の低い時代だと考えられる。気温に代表される気候変動との相関性があるとすれば、未だ考察の余地がある時期と考えられる。

4-3 太陽黒点極小期の時代

また、前章あたりで、太陽黒点数長期変動について、極小期の特徴などを展望してきたが、そうした点から、この時代を見直し、特色を再説してみよう。意味合いが少し違って把握できるかもしれない。この伏線になっている構想は、1780～1980年頃における、太陽黒点数20年移動平均図の折返し手法から得た結果を反映している。10年平均値による説明という、大きな制約は受けるが、折れ線だけの数百年を見つめて久しく、歴史の流れにそった、ひとつの可能性として述べておきたい。

また、更に単純化した場合、一目瞭然の状態で示せといわれた場合、情緒的ではあるが、次のような単純化も許されるだろうか。(図4-1)

これは、太陽黒点数10年平均値の変動図に、ほぼ30水準の横線を一本入れたものである。線から下は、おおむね太陽黒点数極小期に該当してくるように考えられる。山の方は、1380年頃から1780年頃にかけて、約70水準のラインが引け、この太陽黒点数長期変動は、2点を結ぶ直線と基準期をむすぶ直

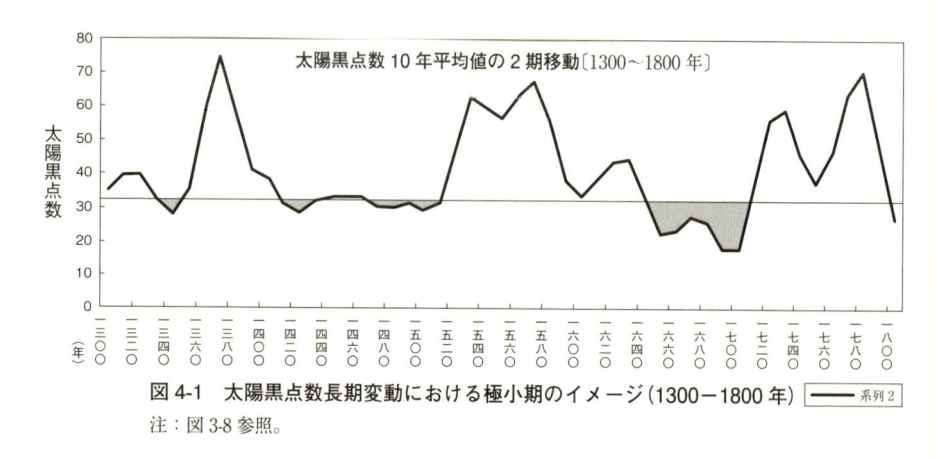

図 4-1　太陽黒点数長期変動における極小期のイメージ（1300－1800 年）　━━ 系列2
注：図 3-8 参照。

線で、同水準回帰傾向をもつ形に簡略化でき、1380～1580年頃と、1580～1780年頃の、各200年長期変動を単純化して、太陽黒点極小期を絵文字のように示してみようと試みたものである。U字型、V字型の各極小期は、歴史的時間をさかのぼる、シュペーラー極小期、マウンダー極小期の影として示してみた。

こうして、17世紀は、長期間にわたって、相対的に寒冷な気候が支配的であったといえる。穀物価格の上昇傾向や、イギリスなどにおけるペストの流行や、ヨーロッパアルプスにおける氷河の前進などと合わせて勘案すると、17世紀後半は、気候に恵まれない時代であったことも考えられよう。

イギリスに例をとってみると、この時代の推移は重要なものがあるといえよう。イギリスは、1600年に東インド会社を設立し、輸出拡大を図ると共に、植民地獲得競争に入っていく。そして、航海条例（1651年）や穀物法（1663年）を制定し、重商主義政策を強力に推進するようになっていった。相対的に寒冷な気候と社会変動の推移を反映した状況が貿易拡大などによる、産業振興に結びついたことが考えられる。伝統の毛織物産業は、この後、インドからの輸入綿花による、綿繊維産業へかわっていく。そうした本格的工業化への過渡期であったし、農業においても、安価な輸入穀物などから、国内の農家を保護する目的もあって、必然的に、大型農法・囲い込みへ変革をし始めた時期である。

見方によって、ヨーロッパ先進諸国は、重商主義貿易を拡大し、植民地を拡

大して、貿易の利益をもたらし、相対的に寒冷な気候を乗り越え、海外へ進出して、移民政策を推進していく萌芽期であったともいえる。

イギリスは、1688年に、名誉革命を成功させて、共和国制から立憲君主制へ移行することになり、ここに、近代国家の礎を築いたことになろう。航海条例を有する植民地大国、貿易大国は、巨万の富を蓄積し、その資本形成は、この時代に続く工業化の時代を準備することになった。薪の絶えることなき、大英帝国の時代へ向けた胎動期でもあった。それを支えたのは、石炭など、化石エネルギーへの本格的代替と蒸気動力機関による工業化の息吹であった。

(1780～1980年頃)

1780年頃(大振幅山期)：ヨーロッパは、イギリス産業革命の時代に入ると共に、工業分野の産業が隆盛化してくる。食糧農産品収穫を中心とした、農業型経済社会に加え、この後、半世紀もすると、先進諸国は工業化社会の成果を享受するようになってくる。

また、フランス革命は、ヨーロッパ大陸において、市民革命の象徴的出来事となり、絶対王政の時代に、ひとつの終焉をもたらしたが、これに続く、ナポレオン戦争などの時代を経験するにつけ、覇権争いは容易に終息することがなかった。

1880年頃(小振幅期)：歴史的変遷という観点からすると、アジア諸国が台頭し始める時期である。そうした過程において、中国、インドは、大きな飢饉の試練をうけることになった。この時期前後に、中国は大飢饉の影響で、約1千万人の死者を出しており、インドも、飢饉で三百数十万人の死者を出している。一国にとって、穀物収穫量の確保と、生存維持が改めて問われる時代となった。経済発展は、農業分野の躍進と、工業化社会の進展があわせて求められる時代に至っている。

イギリスは、19世紀初頭から半世紀ほどで、産業革命を成功させ、世界の工場として飛躍した。政治経済面で、世界をリードしたパックス・ブリタニカの時代を演出したが、1870年頃からは金融大国として、世界の銀行へ変遷してくる。そして1873～96年頃にかけては、物価が傾向として下がり続ける、長期不況の時代を経験し、国力の斜陽化が目立ってきた時代である。これに続

く20世紀初頭には、覇権が、イギリスからアメリカへ移譲され、重化学工業全盛の時代と並存して、2回にわたる世界大戦が起こっている。それは、石油エネルギーと電機、自動車、航空機の時代がひとつの側面を象徴している。家電製品の多様化と充実は、日常生活における豊かさの尺度ともなった。

1980年頃(大振幅山期)：地球温暖化問題が表面化し、二酸化炭素排出量規制や、資源循環型経済社会が叫ばれるなど、過去2世紀とは、世界の経済環境が大きく変わった時代である。こうした傾向を反映して、持続可能な発展や、生物多様性問題が表面化してきた。更に、情報化社会の進展と、宇宙空間利用への開発努力が進んだ。

このようにして、経済成長至上主義の進み方に、かげりが見えた90年頃を前後して、東西ドイツの統合、ソ連邦解体(ロシアとして資本主義経済への経済体制移行)が生じている。東西冷戦の時代が終わったことを意味していた。

それはまた、中国、インド、ブラジルなどの新興国を加えて、グローバル資本主義経済の拡大、新大陸発見規模の自由主義経済市場の拡大となった。また、ソーラーエネルギーや風力、燃料電池など、ソフト・エネルギーの本格的普及を招来させる過渡期でもあった。(経済・技術の同質化がIT化社会と連動し急速に拡大した)

以上、太陽黒点数長期変動の、大まかな200年変動周期において、14世紀から20世紀までの、各80年前後の時代的特徴を展望してきた。その時代頃に符合してくるような、経済社会変動、気候・環境変化などを展望してきたかたちである。

4-4 大きな不況期における太陽黒点数谷期変動の特徴

なお、参考までと断った上で、次のようなケースを提示しておきたい。200年という期間は、中世以来の歴史に照らしてみても、何回も出くわす周期ではない。そして、歴史に残るような、経済の大きな不況も、100年に一度としたものである。

その歴史的不況といえるものと、太陽黒点数約11年周期、谷期の変動停滞期に、大まかな類似性がみられるように考える。参考までに時期を提示してお

きたい。

太陽黒点数約11年周期の谷期の値が、約20年間にわたって、ほぼ同じ値にとどまるのは、1733～44年頃と、1923～33年頃である。この時代は、前者が、イギリスにおいて、南海泡沫事件(1720年)が生じた時期近くで、投機的市場の高騰を背景に、株価が暴落し、バブル経済のはしりになった経済大混乱期である。後者は、N.Y.ウォール街における株価の大暴落から、世界不況(1929～33年頃)に発展した大不況期である。

太陽黒点数約11年周期、谷期の変動を時系列上に示し、この逆時系列・逆変動を、上に示した1733～44年頃と、1923～33年頃を対応期にして比較してみると、この約200年間において、太陽黒点数変動は、図に示した正・逆変動が、当該200年期間において、①同水準収束－②同方向変動期－③正時系列が1サイクル先行変化する時期－④再び同方向変動期－⑤同水準収束、を示していることに気付く。(図4-2)

その各転換期が、6n期に該当していると考えるが、太陽黒点数変動転換期を画することが多いとした、6n期の意義は、こうした形でも、うかがえそうである。因果関係を説明するものではないが、関心がもたれる点である。

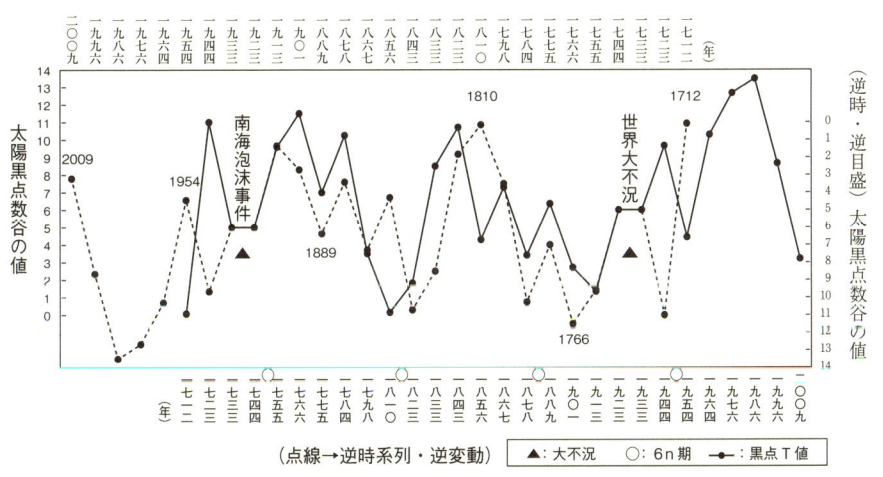

図4-2 太陽黒点数約11年周期谷から谷の変動と逆時系列・逆変動の関係における経済混乱期近傍の特徴

注：南海泡沫事件と20世紀大不況期の特徴類似。

以前、太陽黒点数増分変化が、ゼロ水準域に収束傾向をもつとき、大きな不況が多い、という類似性を指摘した。こうした点を勘案し、時系列値そのものではないが、1733～44年頃、1923～33年頃が、その典型的な事例のひとつになる可能性について指摘しておきたい。

4-5　太陽黒点数100年周期と社会変動

次に太陽黒点数長期変動の100年期間周期(各10年頃)において、その近傍で、どのような気候、経済・社会変動が生じているか展望してみよう。一部は、先に指摘したものと重なるところもあるが、100年の期間周期は、太陽黒点数長期変動における、大振幅、小振幅の谷から谷周期であると考えられ、なにか特徴がある可能性を感じる。(太陽黒点数約11年周期の谷が、ゼロ水準近傍へ収束する100年周期の拡大解釈)

(1)　1310年頃：ヨーロッパの気候風土と疫病、ペストの大流行などを語るとき、欠かせない時代があると考える。それは、1350年頃である。この時期を前後して、ペストは、イタリアからアルプスを越えて、ヨーロッパの中部、西部域へ拡散していったことが被害を大きくしたと考えられている。正確な統計があるわけではないが、ペストの大流行による死者の人数は、ヨーロッパ全域で、2千万から3千万人に及ぶとされており、ヨーロッパ総人口の30％以上が失われたとする説もある。特に、衣・食・住環境に厳しい貧困層は、壊滅的打撃を受けたことがしるされている。気候は、14世紀中葉を極小期にウォルフ極小期の過程にあり、14世紀前半は、極小期の程度が特に厳しい(図4-1参照)。

　こうした疫病の流行は、数世紀にわたって続くが、人口の1/3を失うというような経験は、ヨーロッパ社会の人生観、倫理観、価値観を変えたことが考えられる。また、マルコ・ポーロの『東方見聞録』は1300年頃に完成したとされるが、ヨーロッパが、東洋の状況を知る、当時としては数少ない文献であった。大航海時代への契機のひとつとする見方もある。一般的には、東方貿易において、オスマントルコによる重税を回避する手段

とされる。ルネッサンスは、こうしたものが総合的に合わさった総合文化・技術の発露ではないだろうか。アジアで、疫病、天変地異により、これほどの死者を出したことは少なく、19世紀後半の中国、インドの大飢饉によって、1千数百万人の死者が出た事例がこれに比するものであろうか。筆者は、この14世紀後半が、太陽黒点長期変動の転換期ではないかと考え試論を展開している。なお、日本では、1361年に南海トラフ沿いの大きな地震が起こっている（M約8.5）。紀伊半島沿岸域、近畿地方、特に四国太平洋岸の津波被害が大きいとされる。

(2) 1410年頃：イタリアは、北部の主要都市を中心に、ルネッサンス全盛期である。当該百年間に、歴史的な文明の開化が生じ、文学、芸術・絵画、印刷、科学技術など、広い分野ですぐれた成果がみられ、発明・発見が続いた。ヨーロッパ諸国が、世界をリードする先進大国として、その環境が整っていくような時代であった。そして、コロンブスの新大陸発見（1492年）が、バスコ・ダ・ガマやマゼランなど、それに続く大航海時代における先覚者の旗印となり、海洋の航海史を塗り替える時代でもあった。また、地中海沿岸部に軍事力を拡大していたイスラム勢力も、イベリア半島から、アフリカ北岸に撤退し、当時の世界的大都市グラナダの落日を見るにいたった（1492年）。それはまた、その後、約5百年間にわたって、キリスト教の時代が隆盛化する先駆けでもあった。現代まで、多くあって簡単には語れない時代である。

(3) 1510年頃：大航海時代全盛の時代である。地理上の発見だけでなく、植民地貿易の進展は、ヨーロッパの覇権を資本蓄積の面から支え、数世紀にわたる、ヨーロッパ列強の時代をつくり、その後の繁栄を維持する基礎を築いた。ポルトガルやイスパニアは、新大陸発見やインド航路経由などにおいて、中継貿易で莫大な富を蓄積することになった。なお、太陽黒点のシュペーラー極小期（1420～1530年頃）については、因果関係と時代の明確性に問題をのこすが、15世紀から16世紀初頭にわたる北半球が、相対的に寒冷な時代であったとする見方が多い。そして、この時代前後に含まれる日本の大きな地震は、1498年の明応地震（M8.2-8.4）で、影響は、東海道全域におよび、南海トラフ沿いの大きな地震とされている。太平洋沿岸

域の被害が大きい。

(4) 1610年頃：コペルニクスの地動説に続いて、ガリレオが、これを学説として支援し、望遠鏡を用いた天体観測、太陽黒点観測などをおこなった時代で、種々の意味で中世価値観の転換期であった。経済面でも、オランダにおける黒いチューリップ事件(1637年頃)に代表される、バブル経済のはしりが認められ、中世におけるキリスト教と、神への祈り中心の生活から、科学の萌芽など、日常生活における、思考や行動に幅が出てきた時代である。オランダ、イギリスは、海上貿易で繁栄する。この後、ニュートンの万有引力の発見などにおいて、科学面で大きな進展が見られ、科学の時代の門を開いたといえよう。そして、先に示したペストの大流行が、イギリスを中心に、このマウンダー極小期にも起こっている。冷涼とした気候が疫病の大発生に関与したことが考えられる推移である。

なお、この時代前後の日本における大きな地震は、1605年の慶長地震(M7.9)で、四国から紀伊半島沿岸部の被害が大きい。また、1611年には、慶長三陸地震(M8.1)の、津波による被害甚大で、北海道の一部にも影響を与え、1933年の三陸地震に類似するとされている。また、気候・収穫変動の面から見れば、江戸4大飢饉のひとつ寛永の大飢饉が1642～43年に生じている。これらは、マウンダー極小期にいたる気候環境転換期にかかわる事象とみることもできよう。

(5) 1710年頃：イギリスは、前世紀に清教徒革命や名誉革命など、市民革命によって、立憲君主制を確立し、近代国家の基礎を築いてくる時期であるが、ヨーロッパ大陸では、イスパニア継承戦争(1701～14年)が起こり、フランスのルイ14世は、イスパニア王位の継承をかけ、ハプスブルグ家の復興を目指すオーストリアとの戦いに挑むが、王族・貴族の血脈維持、継承が優先し、一国の勝敗を決するまでには至らなかった。帝国形成期への試練の時代といえる。(参考までに、ルイ14世の生涯は、マウンダー極小期の期間とほぼ重なる)

一方で、18世紀初頭は、太陽黒点のマウンダー極小期(1645～1715年頃)として知られる時代の末期である。相対的寒冷期で、気候寒冷に伴う疫病発生などで、気候環境には恵まれていない。なお、1720年頃の、イギリ

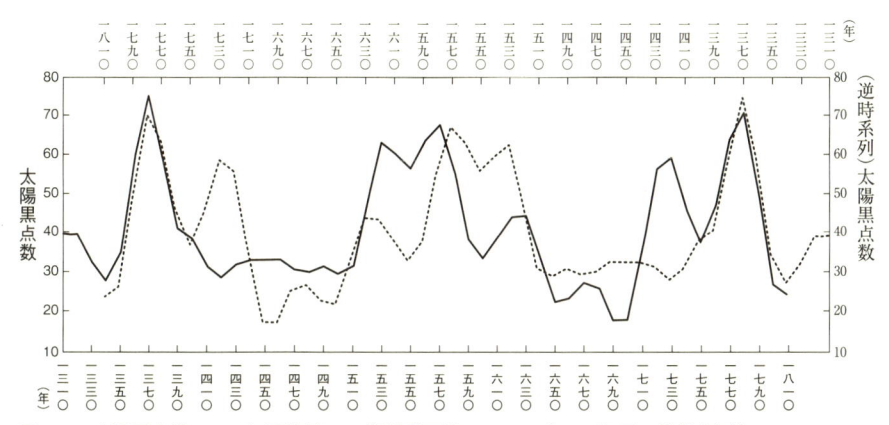

図4-3 太陽黒点数の10年平均値の2期移動平均における各10年頃の特徴（実線：1310〜1810年）：各10年頃の約100年周期

注：対応期：1580年頃。各10年頃の太陽黒点数は35前後で、ヨコ一線に並ぶ。なお、点線は、逆時系列変動（山から山の約200年周期が読み取れる。）

スにおける南海泡沫事件も、バブル経済を象徴するような、投機的動機に基づいた、株価の乱高下をしめした経済混乱の時代である。

　日本では、1707年に宝永地震(M8.4)が起こっている。東南海、南海地震が連鎖して、同時に発生したと考えられ、震度6くらいの強い地震が、広範囲に生じたことで知られる。この時代の大きな地震は、紀伊半島沖で、2つの地震が同時発生したことが考えられ、わが国最大規模の地震のひとつとされる。紀伊半島から、九州の太平洋沿岸域において、津波被害が大きく、一部、瀬戸内海にまでおよんだことが知られている。また、同1707年、富士山は、宝永の大噴火で知られる大きな噴火を起こしている。大地震と大噴火が同一年に起こったケースとして大変地異の代表事例である。富士山は864〜66年に貞観の大噴火を引き起こしており、その数年前に貞観地震が生じていることを勘案すると、大きな地震と火山の噴火に何らかの関係が可能性として考えられる。なお、余談になるが、旧覇権国のポルトガルは、1755年のリスボン大地震によって、欧州史に記される歴史的被害をこうむり、この期を契機に回復に困窮をきたして、国力の衰退傾向が目立ってきたと見る向きもある（死者約3万人）。

(6) 1810年頃：イギリス産業革命が本格化した時代である。工業という産業が成功したことで、動力革命とエネルギー革命が並行して起こった。蒸気機関と石炭は、その代名詞である。綿繊維産業の隆盛も大きい。加工貿易の飛躍的進展は、交通革命を伴って、その後の経済発展において、ひとつの経済発展パターンを示した。軽工業から重工業の時代へ至る端緒であった。19世紀中葉には、アメリカも南北戦争を経て貿易大国へ進展していく。

また、19世紀初頭は、ナポレオン戦争の時代として一括される時代であるが、先進諸国は、帝国主義国家へ至る過渡期のような時代であった。ダルトン極小期が、ロシアの冬に極寒をもたらし、ナポレオン軍を阻止したかもしれない。そうした幻影を感ずる時代である。(1812年頃は寒さが特に厳しかった)

この時代前後における、日本の大きな地震は、1804年の象潟地震(M.7)で、酒田などを中心とした東北日本海側の地震である。余震の多かったことが知られている。1810年には、羽後・男鹿半島地域の地震(M6.5)、東北地域内陸部での有感地震が多かったとされる。

(7) 1910年頃：この頃になると、世界の主要経済圏は、ヨーロッパ先進国、アメリカ、そして一部、日本なども含まれるようになり、貿易圏の拡大が顕著であった。大植民地をもつイギリスは、経済爛熟期の末期を経過していた時代といえよう。中国は、辛亥革命(1911年)によって、長く続いた皇帝の時代が終焉し、国民党、共産党の対立期に移行する。

小さな契機から、大きな戦争へ発展した第1次世界大戦は、こうした経済圏の世界的拡大と無縁ではない。帝国主義の利害的衝突は、世界大戦という形で、壮絶な覇権権益の衝突に発展した。石炭から石油へのエネルギー代替は、自動車や化学工業、航空機、電機の時代を招来させたが、大型船舶の航行を可能にしたことにも貢献した。なお、1929年、アメリカに端を発した世界大不況も記しておかなければならない。(覇権国の失業率が一時25％という時代であった)

その影響力を勘案し、第2次世界大戦を連続した形で把握すると、先進諸国は、工業化の片面を軍事力強化に結びつけ、陸・海・空軍を統合して、

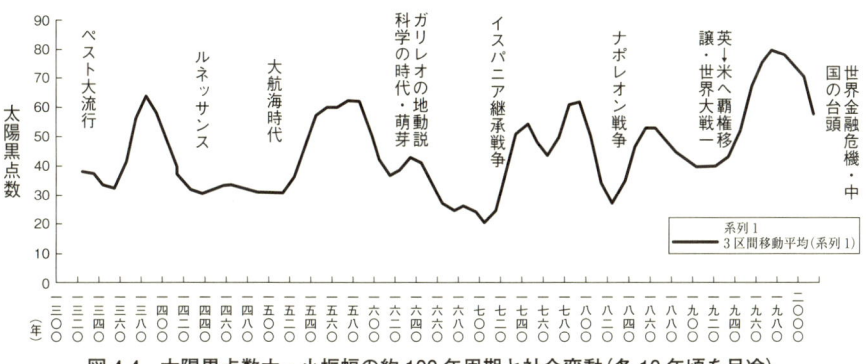

太陽黒点数 10 年平均値の 2 期移動：スムージング〔1300～2010 年〕

図 4-4　太陽黒点数大・小振幅の約 100 年周期と社会変動 (各 10 年頃を目途)

総力戦で勝敗を決する妥協の余地に乏しい時代を作り出してしまった。そして時を経ず、ミサイル、原爆、人工衛星戦略、IT 戦略が具体化してきた。戦争と環境破壊は、今日でも門の閉ざされた分野であろう。国際的に金融投機傾向が強まり、その一方で、温暖化やソフト・エネルギー、そして資源循環型社会など、地球環境問題が叫ばれている。地球のエコ・システムは、1 万年規模の持続可能な循環性を維持してきた。

　日本における、この時代前後の大きな地震は、1911 年の喜界島近海地震(M.8.0)で、喜界島、沖縄・奄美地方で最大規模の地震とされている。

(8)　**2010 年頃**：アメリカや EU に代表される覇権国、挑戦国、主要大国は、投機金融面での行きづまりや、財政の逼迫などにより債務問題が表面化して、財政赤字が累積し、経常収支も相対的に悪化して、デフレ化傾向が目立つようになってきた。おしなべて先進諸国の国力は衰退傾向にある。リーマン・ショックに代表される、アメリカ発世界金融危機の 2 番底・EU 危機とみることもできよう。アメリカ、EU、日本などの経済不況傾向が重なっている。

　一方、情報化社会の波に乗るようにして、新興国の中国、インド、ブラジルなどの経済発展は著しく進展し、いまや次期覇権を伺う勢いである。一方で世界は、情報・通信や環境の時代を迎え、化石エネルギー依存社会からの脱却を模索している。ソーラーエネルギーや再生可能エネルギーの

見直しなど、温暖化問題や資源循環型経済社会、そして生物多様性や持続可能な発展への転換が大きな試練を伴いながら続いている。エネルギー代替の兆候は、ガソリン1リットルで、電池を併用し、60km走行可能な車が、販売可能になっており、各分野で、次世代エネルギーに、新動力への挑戦が実を結びつつある。

一方、アラブ諸国の民主化は、民衆のデモによって自由化がはかられる方向で、北アフリカ地中海沿岸諸国を中心にして、ドミノ倒しのように自由化が進んでいる。歴史の脈動という言葉が許されるかもしれない。

なお、日本では、東日本大震災(M9)が起こっており、東北地方の三陸沿岸部、太平洋沿岸部から、関東沿岸部近くまで約440キロにわたって、強い地震が生じた。これに伴う大津波は、三陸沿岸部の海岸線や都市、市街地を、10メートルをこえるような巨大津波で破壊し、沿岸部海岸域の諸都市、漁港の多くに壊滅的被害をもたらした。死者・行方不明者だけでも約2万人になる。こうした影響を直接受けた福島第1原子力発電所は、地震・津波による被害をこうむり、4基の原子炉が制御電源を全て失い、補助電源も緊急に作動不能となり、レベル7の深刻な破壊状態になった。放射能汚染被害については、3炉がメルト・ダウンしており、1年経過しても充分な客観的検証、評価を得るには至っていない。

また、再三指摘してきたように、2009～20年頃は、いわゆる太陽黒点数変動の6n期(太陽黒点周期NO.24)に該当してくる。この時期は、歴史的にみて社会変動が多い時期であると述べてきた。この6n期に該当する過去の事例を振り返って社会変動を要約してみよう。

(6n期の社会変動)

○ 1810～23年の6n期:ナポレオン戦争で代表される社会変動。イギリス産業革命。

○ 1878～89年の6n期:普仏戦争(1871年頃)を経て、プロイセン諸国が、ドイツ帝国へ統一していく過程関連の社会変動期。東洋では日清戦争(1894年)に伴う社会変動。覇権国イギリスの長期不況。

○ 1944～54年の6n期:第2次世界大戦の終結にかかわる社会変動期。世界

中で約 4,500 万人をこえる軍・民犠牲者を出している。これは人類史の嘆きであり、歴史の厳しい教訓である。(欧州・東洋)

○現在、2009〜20年頃の 6n 期の時期へきている。リーマン・ショックで代表される、アメリカ発世界金融危機を契機に、アメリカ覇権の衰退と、中国の台頭(GDP 世界 2 位など)、そして挑戦国にかかわる社会変動が課題になっていると考えられる。一方、EU におけるギリシャ、スペイン、イタリアなどの財政危機、債務問題、アラブ諸国の民衆化動向、並びに、日本における巨額財政赤字や東日本大震災(M9)の三陸沖大地震と、それに伴う巨大津波被害、今後の復興問題などがある。更に、この地震・津波に伴う福島第一原子力発電所のきわめて深刻な破損と、その長期にわたる放射能汚染被害問題。これらに加えて、東南アジア、タイにおける川津波とも言える首都近郊を含む洪水被害など異常気象問題があげられる。

以上、百年ごとの変化について、各10年頃を基準にして記述した形であるが、この10年頃というのは、元々、太陽黒点数約11年周期変動における、谷が、ゼロ水準近傍に収束傾向を示すことが多い時期で、約100年かけて谷から谷をつくる太陽黒点100年周期があると考え、1710〜2010年頃の各100年周期を指摘したのであった(『脈動』参照)。10年頃としたのは、その前後の年を含む意味で単純化している。

なお、1700 年以前の時代については予測である。信頼に足る連続した太陽黒点数、年次データがないので、この点は断っておかなければならない。太陽黒点数、約11年変動周期を見ていると、太陽黒点数長期変動の、大振幅期、小振幅期共に、100年規模の長期変動が認められる各10年頃に、約11年周期の谷は、ゼロ水準近傍へ収束する傾向があると指摘してきた。

その一方で、地震関係の記事は『理科年表』(丸善)を引用、要約している。世界全域の地震に関しては敢えて割愛した。

これら一連の過程は、一部、自然・社会変動における歴史の脈動というべきものを含んでいる可能性もあろう。

主として、14世紀から17世紀にわたるヨーロッパのペスト流行と気候変動の関係については、桜井邦朋『太陽黒点が語る文明史』(中央公論社)、を参照されたい。

5 太陽黒点数長期変動と
6n 期の循環性について (1700〜2010年)

5-1 1880年頃の反転図と 6n 期

　情報化時代の趨勢は、簡単な処理であっても、いろいろな分野の記録を、グラフ表現などで分かりやすく示す術と傾向をもっているといえる。一般に馴染みのうすい特異な考え方などを示すとき、グラフ化は、一部、絵文字のような役割をもっている場合がある。こうした意義を勘案し述べてみたい。

　信頼できる太陽黒点数年次データは、1755年頃(チューリッヒ番号1)からと考えられる。しかし、歴史的事象との比較においては、少しでも長いデータが望まれる。『理科年表』(丸善)をみると、太陽黒点数は、1700年頃から公表されており、太陽黒点数年次データは、この範囲まで拡張できそうである。この点をまず断っておきたい。

　太陽黒点数長期変動(移動20年)の変動軌跡上に、6n期をマークし、基準期1880年頃を垂線にそって左へ折り返すと、1880〜2010年頃の長期変動が、逆時系列上の変動として、1750〜1880年頃の長期変動に重なってくると考える。(図5-1)

　先に述べたように、太陽黒点数 6n 期は、太陽黒点数長期変動の変動転換期としてきた。その一方で、太陽黒点数長期変動の変動循環性における、画期となる役割を果たしていると考える。そして超長期の観点でみれば、太陽黒点変動が、黒点数の水準50あたりを維持しながら変動している基になっている指標であり、それが太陽黒点数 6n 期だと考えられる。

　その関係を、上に示した1700〜1880年頃と、1880〜2010年頃が重なった、半周期重複図においてみてみよう(実線で結んだ矩形)。太陽黒点数 6n 期は、単純化して、1750年頃、1810年頃、1880年頃、1950年頃、2010年頃の、約11年周期を指すと考えられる。太陽黒点数長期変動上に、これらの時期をマークして、基準期1880年頃で、左へ折り返しているから、この半周期重複図には、

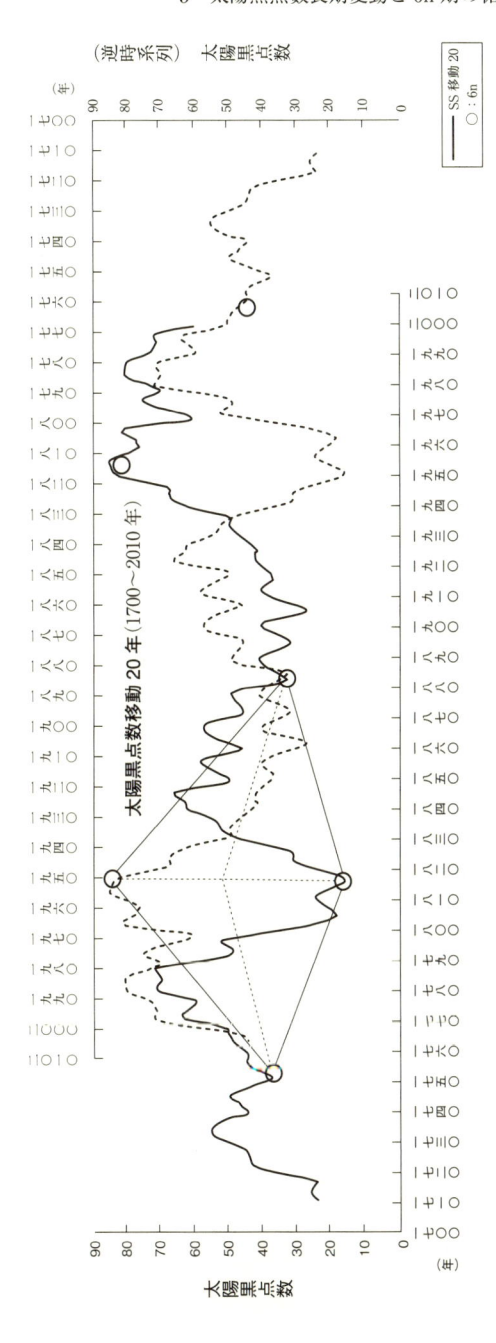

5 太陽黒点数長期変動と 6n 期の循環性について —— 75

図 5-1 太陽黒点数 6n 期の循環性イメージ

注：1880 年頃を基準に、正時系列変動（実線）と逆時系列変動（点線）を対応させている。
○印は 6n 期で、半周期で左へ折り返している。6n 期が変動転換期になっている関係が把握できよう。

6n 期が図のような矩形の関係において示されている。(図 5-1)

　1750 年頃と 1880 年頃は、左右の関係において対応している。また、1810 年頃と 1950 年頃は、垂直関係において、当該期における極小域、極大域をあらわしている時期であり、これが最大の格差を示して、垂線上に近い関係であらわれている特徴をもつといえる。なお、正時系列と逆時系列・逆目盛図の関係において、基準期で対応させ、全体の変動を見ると、ダルトン極小期は、1950 年代の大振幅期に符合してくると考えられる。これは長期変動上で、極小・極大の一部を消してしまうような平準化の機能が作用している可能性が考えられる。(図 2-3 参照)

　こうして再度見直すと、6n 期(1750 年頃、1880 年頃)における、太陽黒点数、左右の水準は、30 ～ 40 あたりで、大まかにみて、ほぼ同水準と単純化することが許されよう。そして、2010 年頃は黒点数水準で、再び、1750 年頃に近づいていると考えられる。

　また、垂直関係にあらわれた 1810 年頃(ダルトン極小期)と、1950 年頃(過去数世紀における極大期)は、両期の振幅格差も最大規模である。この間の太陽黒点数長期変動平均値は 50 くらいといえよう。

　よって、太陽黒点数長期変動は、260 年くらいかけて、太陽黒点数 50 水準あたりを維持する形で変動している可能性がある。(その変動転換期が 6n 期と考えられる)

　ここで視点を換え、実線と点線の長期変動そのものを見てみよう。半周期における実線、点線の交差をみて分かるように、左タテ軸でみて、1880 年頃を基準期にして、1830 年(と 1930 年)頃と 1780 年(1980 年頃)頃に接するか交差している。これは見方にもよるが、太陽黒点数長期変動が、ここに示したような特定の時期に、100 年、200 年を隔てて、同水準へ回帰傾向をもつことを示唆していると考える。

　この半周期において、2 点(1780 年頃の座標、1830 年頃の座標)をとおる直線と、基準期 1880 年頃の座標をつなぐ直線は、当該期における大まかな太陽黒点数長期変動のトレンドになっており、これはまた、V 字形の反転を伴って、1880 ～ 1980 年頃にいたる上昇トレンドをも含意している。

　そして実線上の 6n 期は、1750 年頃、1810 年頃、1880 年頃と、変動画期を

示し、その後、半周期の点線上で把握できるように1950年頃へと進み、山と谷を画しながら、平均すると50水準あたりの変動に収束して、時計と反対方向に進み、2010年頃には、再び、1750年近くへ変動する循環性向がうかがえる推移になっている。

こうして、上述基準期の、前・後50年倍数期に、同水準回帰傾向を示す可能性と、太陽黒点数6n期の意義と概念区分が明らかになると考える。

5-2　6n期のイメージと太陽黒点数長期変動

太陽黒点数長期変動(20ヵ年移動平均)は、ヘール・サイクルをこえる長期変動を導く意図で使用した。年次データが利用できる範囲において処理してきた経緯がある。

そうした過程で、次のような特徴を指摘してきた。(1700～2010年頃)

(1) 太陽黒点数長期変動は、1780～1980年頃の変動でみた場合、1880年頃に、太陽黒点数移動20年の前期比増分で、変動が収束していると考えられ、この時期を基準期にして変動を比較した。(転換期は6n期に該当すると考えられる)

(2) 太陽黒点数長期変動は、よくみると約40年ごとに変動方向を変えていると考えられる。

(3) この関係を把握するため、正時系列変動の1880年頃を接点・基準期にして、長期変動の逆時系列・逆変動図と比較してみた。これによって、約40年ごとに同方向、反対方向の変動を繰り返していることがわかる。(図5-2)

(4) 太陽黒点数長期変動は、その逆時系列・逆変動と1760～1800年頃の間、反対方向の変動を示し、1800～1840年頃の間、同方向の変化を示す。

そして、1840～1880年頃においては、反対方向、基準期：1880～90年頃を介して、1890～1930年頃は、反対方向(基準期を介した前・後なので、この期は、基準点を介し反対方向で繰り返す)。更に、1930～1970年頃は同方向。そして、1970～2010年頃にかけては反対方向の変動を繰り返している。

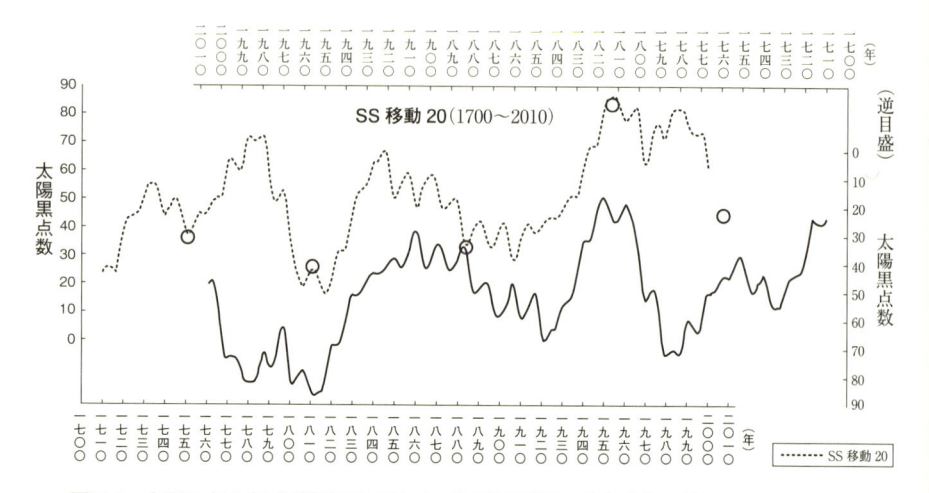

図 5-2 太陽黒点数 20 年移動平均図と 6n 期（逆時系列・逆変動との対応：1700〜2010）
注：正時系列変動は，上の図（点線），逆時系列・逆変動（実線）は下の図。(1880 年頃対応期)，○：6n 期

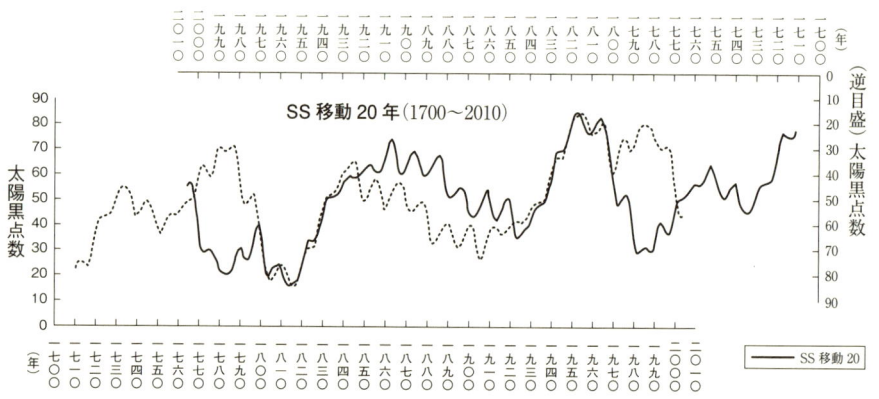

図 5-3 太陽黒点数 20 年移動平均図：（正時系列変動と逆時系列・逆変動の対応図）
注：太陽黒点数長期変動は約 40 年ごとに変動方向を変えている。（対応：1880 年頃）

(5) こうした関係は、太陽黒点数長期変動がある種の規則性をもって変動していることを示唆する可能性があると考える。

これは（図5-2）、太陽黒点数長期変動を先述と同じ条件で、正時系列を点線、逆時系列・逆変動を実線で示したものである。先に指摘したように、約 40 年ごとに同方向と反対方向の変動が繰り返していると考える。なお、基準

期(1880年頃)近くの変動は、下降トレンドとなっており、基準期の点を前後した180度回転であるから、当該期間が同じ反対方向の変動になっていると考える。この図においても、6n期は変動転機に介在していると考えられる。

1970年頃からの変動は2010年頃に反対方向の終わりをむかえ、その後、しばらくは、過去の変動と同方向の変化をすることが可能性として考えられる。20年移動平均値実数を得るには、かなり年数がかかる。

5-3 覇権国家交替周期と太陽黒点数水準

中世以降、世界の覇権国家は、約110年程度の周期で交替している。この周期は、覇権国家交替周期(モデルスキー・サイクル)として知られる。イギリスのように、2度にわたって継続した例もあるが、ほかの国は、1世紀ほどで、覇権を交替している。

リーマン・ショックに代表される、アメリカ発世界金融危機によって、覇権国アメリカの権威は、衰退傾向がうかがえる推移になってきている。継続・交替のいずれにしても、周期性という観点からは、ここ10～20年程度で、新しい周期が想定されるので、そうした点に言及してみよう。(中国が挑戦国として台頭)

大航海時代以降、覇権国家の交替・推移は、おおむね次のように示される。覇権国とその時代:ポルトガルの時代は、15世紀末から16世紀末葉。オランダの時代は、16世紀末葉から17世紀末葉。イギリス(1期)は、17世紀末葉か

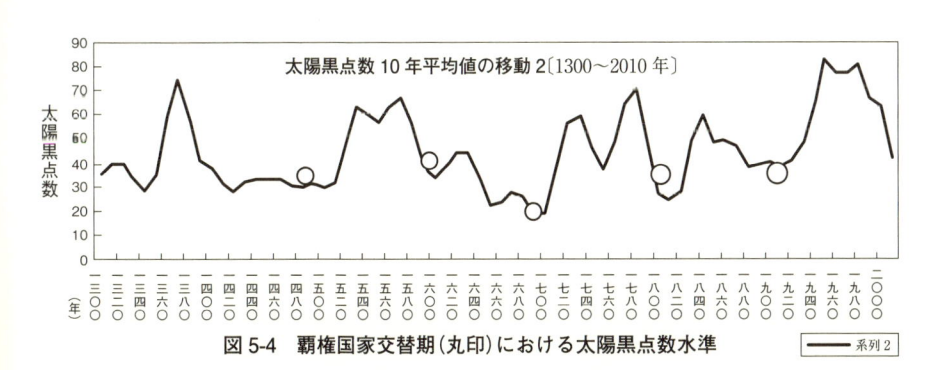

図5-4 覇権国家交替期(丸印)における太陽黒点数水準

ら18世紀末葉。

　イギリス(2期)は、18世紀末葉から20世紀初頭。アメリカの時代は、20世紀初頭から2020〜30年頃が予測される。

　このように、周期性の上で単純化してみると、太陽黒点数長期変動は、図5-4のマーク期のように、水準の低い時期に該当してくる特徴があるといえるかもしれない。時系列をさかのぼる形で展望してみよう。

　イギリスからアメリカへ覇権が移譲された時期は、1914年頃で、20世紀において、太陽黒点数が最も少なかった時期である。また、イギリス1期から2期へ継承された時期は、1800年前後の時期で、ダルトン極小期に該当してくるといえる。そして、オランダからイギリスへ覇権がかわったイギリス1期の時期は、1680年代のことで、マウンダー極小期の最も厳しい状態の時期であると考えられる。

　こうして、オランダ覇権国の時代までさかのぼってくると、交替期は1580年代前後で、太陽黒点数長期変動は、16世紀の大振幅期の終了局面であり、山からの後退期になる。更に、ポルトガルが覇権を掌握したのは、15世紀末葉の1490年前後で、シュペーラー極小期の谷あたりという見方も出来よう。

　このように、覇権国家が交替する時期を過去の歴史事例に照らしてみると、大まかな指標ではあるが、太陽黒点数の相対的に少ない時期が多いといえる。これを地球気候環境の相対的温暖期、相対的寒冷期のケースに応用してみると、覇権国家の交替は、気候環境の相対的寒冷期に該当することが多いといえるかもしれない。逆の言い方をすると、太陽黒点数長期変動の山ゾーンにおいては、覇権国家の交替が少ないという方が適しているかもしれない。事例の少ないケースなので、敢えて提示しておきたい。

5-4　太陽黒点数6n期の長期循環性にかかわる試論について

　先述のように太陽黒点数約11年周期は、チューリッヒ番号、NO1〜NO5が、55年期間周期をもつと考える。そして、NO6の約11年周期をとばして、次のNO7〜NO11が同じように55年期間周期となる。また、その次のNO12の約11年周期をとばして、NO13〜NO17の期間が55年期間周期になると考

える。更に、次のNO18をとばす、というように、太陽黒点11年周期番号6の倍数期をとばしてみると、55年周期の期間周期性があり、その介在期である6の倍数期の約11年周期が調整期のような役割を果たしていると考えている。(1755年からの約11年周期が基準)

この6n期は、どのような役割・特徴をもつのだろうか、と考えてきた。太陽黒点数長期変動の転換期と符合することが考えられ、その特徴を把握してきた。6n期は、特に、10年頃、50年頃、80年頃に該当してくるが、正・逆変動でみた場合、全変動は、半周期で把握できることから、その特性を用いて導くと、260年くらいで、同水準近くに回帰しながら、太陽黒点数の変動水準を50水準あたりに維持する役割を果たしていると考えられる。途中の期間周期が、ほぼ55年という定期的な過程であり、それに続く約11年周期なので、半周期で折り返したとき矩形の各6n期対応がかなり明確で、長期変動上、意義ある存在と考えられる。

こうした特異な関係と変動転換期について、6n期との関係で再説・試論を展開したことになる。(挑戦国出現期や社会変動増加期は省略し、次の展望をもって代えたい)

太陽黒点数6n期は、太陽黒点数長期変動における変動転換期を画しながら、半周期上に調整してみると、極大振幅期、極小振幅期をしるし、太陽黒点

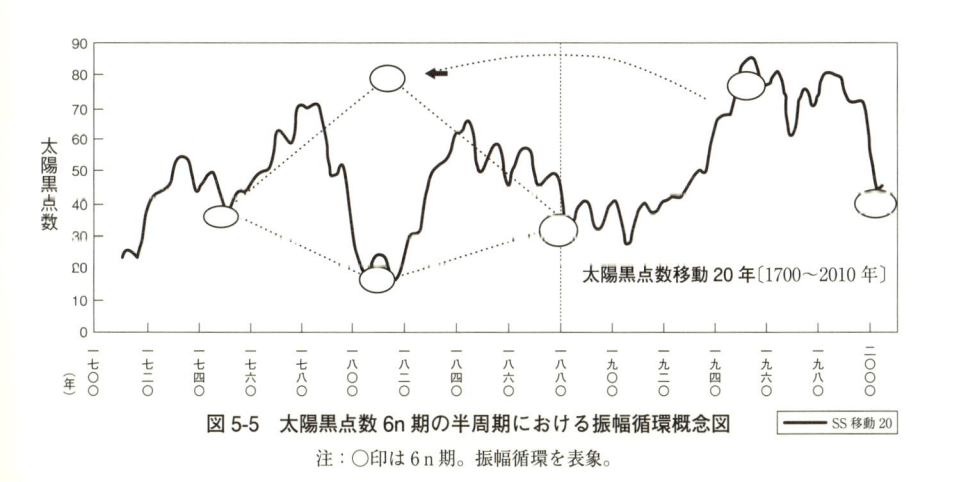

図5-5 太陽黒点数6n期の半周期における振幅循環概念図

注:○印は6n期。振幅循環を表象。

数長期変動の大まかな50水準近傍を維持する役割をもっていると考えられる。1880年頃の垂線で左へ折り返した場合、2010年頃(NO.24)の6n期も、1750年頃(NO.1)近くへ回帰傾向を示すと考える。これは、太陽黒点数長期変動におけるひとつの規則性と考えられる。太陽黒点数の長期にわたる変動をみていると、ゼロという下限の制約はあっても、上限の制約はなく、11年周期の振幅が、200水準以内に限られる必然性は認められない。（移動平均値）

　素人で、詳しいことは分からないが、過去、500年くらいのタイムスパンで、トレンドが過去の範囲を反映しているとした場合、太陽黒点数変動水準値：200くらいの天井があるように感ずる。それは、太陽黒点数変動の平均が、約50水準前後とした場合、変動振幅における下限のゼロ水準が、天井域200辺りを上限にしている可能性があると考えられる。ボックス図を作成してみて、そのような印象を受ける。（黒点相対数）

　太陽黒点数長期変動は、40年ごとに変動方向を変えていると指摘してきた。その振幅範囲が、当該期であれば、図5-5に示した矩形の範囲に収まると考えられる。この振幅は移動平均値であり、番号のついた太陽黒点数年次データ変動値とは区別して把握しなければならないが、そうした事情を勘案した上で、二様のケースについて、6n期の特色とその可能性について述べておきたい。

　なお、これらに関連して、2020年頃までの6n期と今回の不安について言及してみよう。

　2009年頃あたりから、アメリカ発世界金融危機が表面化し、大きな流れで見ると、覇権国家アメリカの時代に陰りがみえ始めた感じがする。一方で、中国は、GDPで世界第2位となり、世界の工場を示唆するまでもなく、世界金融の面でも、巨額の貿易黒字を有する大国に成長してきた。政治体制や環境面で課題があるとしても、客観的事実として、挑戦国になってきている。これは6n期の特徴でもあり、歴史の脈動といった側面から関心のもたれる点である。

　こうした時代環境変化の過程で、日本では、2011年に、東日本大震災がおこった。数百年に一度という大地震、それに伴う東北太平洋沿岸一帯を襲った大津波の大被害、さらには、それに伴う福島原子力発電所の悲惨な歴史的事

故、これらは、東北地方の相対的地域経済地盤沈下という程度のものではない。科学が進歩した現代において、数万の人命を失い、明確には把握しきれないほどの人々が被災している。国民は、ひとしく心に悲しみをおぼえ、多くの人々は深沈たる惨めさを敗戦と重ねている。そして、その痛みが取り返しのつかない自然環境破壊をもたらし、世代をこえた人命の危険性につながっていることを認識している。地球環境に影響する持続性と生物多様性への痛みを忘れられない。これらは、言葉ではなく、人々のこころ深きにおける潜在意識への浸透と不安であろう。人間社会や自然生態系へ及ぼす放射能被害は、今後、数十年は客観的評価が難しい怖さを内包している。美しい里山の自然と緑なす田園の安らぎに、何がしかの不安をおぼえるのである。

　こうしたこととは別に、2011年、アラブ諸国の民衆による民主化という新しい社会変動が急速に拡大した。この勢いや、社会変動のスピード、そして国の数や関連領域の広さにおいてIT化と歴史の脈動という未来要素を多く含んだ展開になってきている。(これらはNO.24の6n期のことである)

　そして、あたかも連鎖するように生じてきたEUの南欧諸国などにおける財政、債務不安、経常収支の悪化傾向も、ある種、異様な推移になって、世界経済へのしのびよる不安要因になってきている。

6　太陽黒点数の予測に関する構想試案

　太陽黒点数は約11年の基本周期を形成している。その周期には、18世紀中葉(1755年)から番号がついており、NO1から、現在、NO24の過程を経過中である。
　当該期間において、約11年周期は、9年から14年程度の幅をもっており、その平均が約11年ということになる。
　太陽黒点数は、約11年の周期性をもっているのだから、その期間周期に対して、振幅変動性を測るといっても、そう大きな差は無さそうに考えられるが、いくつかの周期を見ているうちに、次の周期がどのようになるのか、簡単には言えそうもないことに気付くのが普通であろう。
　その問題のひとつを、ここでは、太陽黒点数長期変動が約40年ごとに変動方向を変えていると考えるから、予測が難しいのだと考えてきた。これは、ある基準期を定め、正時系列変動と、逆時系列・逆変動を比較して導いた試論で、確たるものではない。しかし、そのような要因が何らかの形で介在するとすれば、変動性の予測は、途端に難しいものになる。①太陽黒点数約11年周期の期間または山を予測する(ここでは谷に注目)。②太陽黒点数長期変動の傾向を予測する。
　前者は、谷から山の期間、山の高さ、そして、山から谷の期間、その長さなどが、予測対象になろう。また、長期変動においては、趨勢を基準とした、延長性や転換期などが予測の対象になろう。
　このように述べてきたのは、大方の場合、太陽黒点数約11年周期に関して、太陽活動が活発なとき、相対的に黒点数が多く、山の高さが高くなっている関係を前提にしている。一方、太陽活動が弱っているとき、相対的に黒点数が少なく、山の高さが低くなる傾向の指摘である。こうした場合が多い。あくまで、ひとつの傾向を示すもので全てがこのような関係になっている訳ではない。つまり、太陽活動が強まっているか、弱まっているか、その傾向を判別するのに、約11年周期の山・谷が、一つの指標として見られているように考え

られる。

　ことばを変えて言えば、太陽黒点数の変化を予測するとは、現在の約11年周期の次に、どれほどの山をもった変動があらわれるか、また、その変動周期は、どれほどの期間をもつかなど、山の高さと周期の期間が第一義的に想定されているといえよう。よって、中期循環規模の太陽黒点数約11年基準周期のありようについて、予測するのが一般的であるが、ここでは、大半のところ、長期変動にかかわる試論を展開してきた。そうした関係を踏まえて、太陽黒点数長期変動についての予測を、事後的に述べ検証してみたい。大まかな変動傾向を事後的に予測してみるというほうが適しているかもしれない。

6-1　太陽黒点数長期変動(20年移動平均)の場合

　過去に、太陽黒点数20年移動平均のところで、太陽黒点数長期変動は、約40年ごとに変動方向を変えていると指摘してきた。これは、太陽黒点数変化の、正時系列変動と、逆時系列・逆変動を比較して、その関係を述べたものである。(同方向、反対方向の基準)

　よって、そのパターンを類型化してみると、①基準期(1880年頃：80〜90年)を前後する、1840〜1930年頃は、独立変動期として、そのままがよいとした。中心点を前後する変動では、事前の変動で、事後は測れないからである。次に、②1800〜40年頃の変動と、1930〜70年頃の変動は、前期間の変動が180度回転した反対方向の変動として現れる傾向があると指摘した(両期の変動値合計がタテ目盛に近い)。そして、③さらにその外側になる、1760〜1800年頃の変動は、1970〜2010年頃に、前者と同方向の変化傾向をもつ変動としてあらわれる可能性を述べてきた。基準期で折返し、その影を得る事で把握できると考えた。(図6-1)

　これは、ひとつの事後的予測であると考えている。変動パターンを類型化し、基準期を、前後した、約40年ごとの変動特性を、前者でもって、後者を大まかに予測した関係になっていると考えられる。このような変動傾向の予測は、データがいくらという精密な予測ではないが、変動傾向や水準を予測することに役立ち、趨勢を把握した上で、中期の循環性を見る観点から意義あるこ

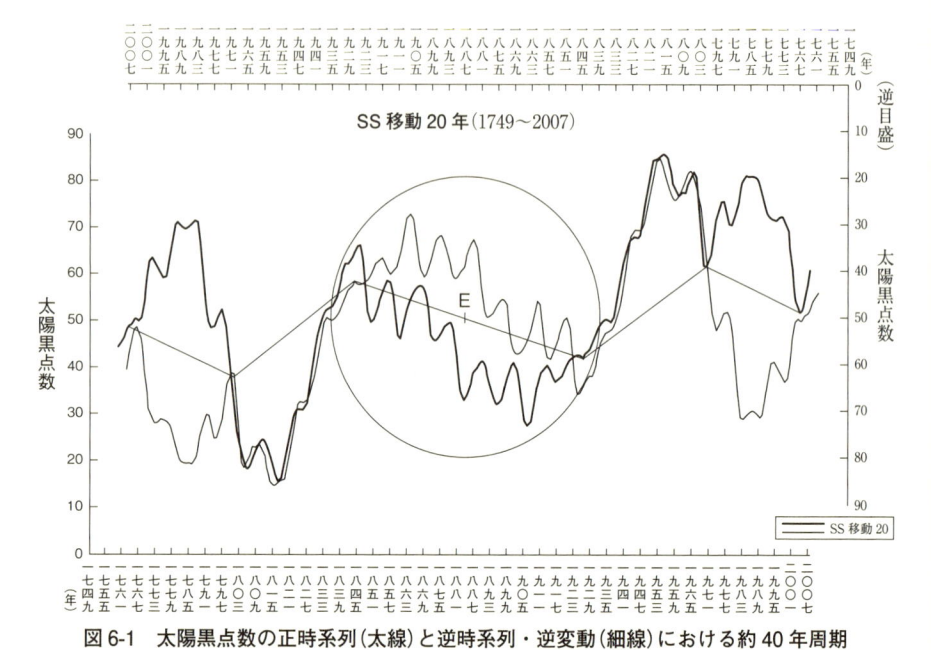

図6-1　太陽黒点数の正時系列（太線）と逆時系列・逆変動（細線）における約40年周期
注：太陽黒点数長期変動は約40年ごとに変動方向を変えている。（対応：1880年頃）

とと考える。

6-2　太陽黒点数約11年周期における山の変動（10年移動平均で代替）

　太陽黒点数約11年周期の山だけを取り出して、18世紀から21世紀初頭までの変動を把握すると、これは太陽黒点数長期変動に類似した変動を代表していると考える。このことは、太陽黒点が約11年で周期性をもっているとすれば、それが太陽黒点数10年移動平均の変動に近いことに気付く。（図6－2）

　よって、ここでは単純化し、太陽黒点数10年移動平均で、先述した山の変動を簡略化してみよう。考察処理方法は、先に20年移動平均で示したものと同じである。

（1）基準期を含む、内円の独立変動期はそのままにしておく。
（2）その前・後にある、ダルトン極小期を含む変動と、20世紀後半の大極

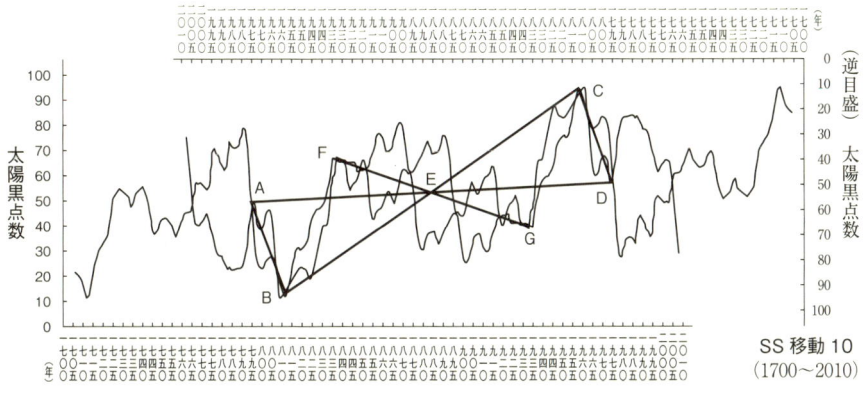

図 6-2 太陽黒点数 10 年移動平均値で山を代替した変動イメージ（基準期：1880 年頃）
注：BF, GC は直線を略す。

大期を180度回転の手法で比較し、反対方向、同方向性の軌跡を確認する。

(3) さらに、中心点 E を頂点とする、△ABE, △FBE の底辺部を逆時系列・逆変動における同方向変化の近似期とみなし、BC トレンドの180度回転で、逆方向になった三角形2つを得る（△DCE, △GCE）。

(4) これも、事後的ながら、前半の変動で、内円部を独立変動とし、1930年頃から1970年頃にかけて太陽黒点数山の変動（10年移動平均で代替）を予測した大まかな傾向把握の関係になっていると考えられる。

イメージだけを表示すれば、基準期の一点を中心点（両三角形接点）にして、右上がりのトレンドをもった、おおむね対称形の三角形の底辺部の変動において、太陽黒点数変動が大まかに類似する関係になっていると考えられる。

6-3 太陽黒点数約11年周期における谷の変動を使用した谷の予測事例

このケースは、上述の2例とは、事情が違っている。太陽黒点数約11年周期の谷の変動を別に取り出したもので、谷にも変動があるという見地から使用している。過去に、谷の変動は20年移動平均に近いという傾向を指摘した。

ここで、ボックス図を作成して、その概念と予測のイメージを提示してみよう。これも、事後的な視点からの検証であるが、予測が、ひとつの可能性をも

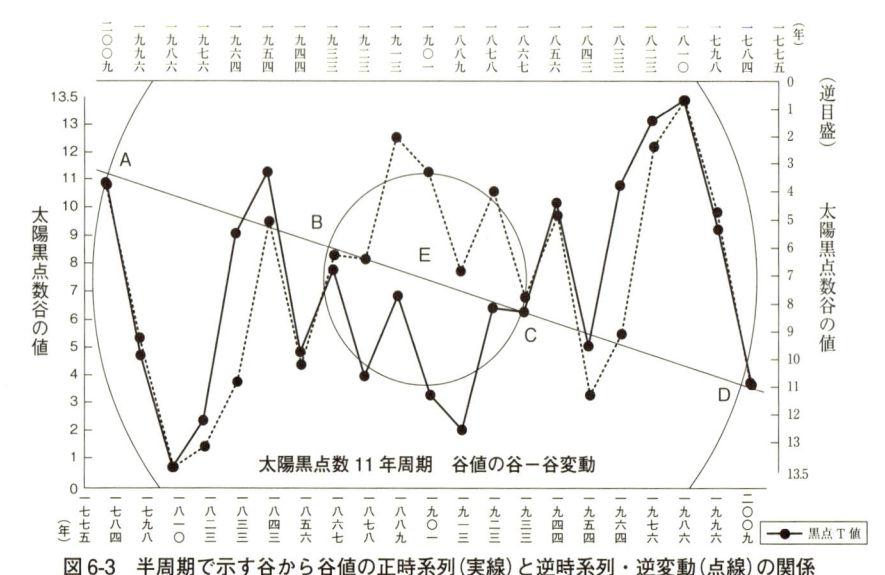

図 6-3 半周期で示す谷から谷値の正時系列(実線)と逆時系列・逆変動(点線)の関係

注：(基準期：1901)，独立変動期(内円)をとばし前半の半周期(実線)変動が，トレンド上で180度回転し，後半に類似形であらわれる関係が予測されよう。(ボックス図)

つと考えられる。なお、この太陽黒点数谷の変動は、100年紀の各10年頃にゼロ水準近傍に収束してくる。つまり太陽黒点100年周期を代表していると考えられる。

　長方形の変動領域をイメージし、太陽黒点数約11年周期の谷の変動は、その領域に収まるとしよう。表示期間は、1784〜2009年である。そして、谷の正時系列変動と谷の逆時系列・逆変動を、長方形の底辺と上辺に、基準期(1901年)で対応するようにして比較してみよう。長方形の高さは、太陽黒点数約11年周期の谷の範囲であり、0から13.5に収まる。(上・下、各0.1を余分に取り込む)

（1）中心部を含む1867〜1933年頃の変動は、独立変動をする内円部としてそのままにしておく。

（2）ここで、先に使用してきた、ほぼ対角線に近いようなトレンド線を入れてみよう。大まかな関係ではあるが、基準期(1901年)から左半分(半周期)で、全体の変動を概略において把握できるように考えられる。(図6-3)

　ボックス図は、内円の独立変動期を別にして、正時系列変動に網掛けを

して表示した場合、白い部分は、おおむね将来変動の予測が織り込まれた、将来逆時系列変動になっていると考えられる。1933〜2009年にかけて、大まかな変動は、前期：1784〜1867年頃の変動を、逆時系列・逆変動でたどるような傾向が認められると考える。

(3) 太陽黒点数約11年周期における谷の変動は、山の変動と違って、当該期間のボックス図において、上から下への対角線に近いトレンドで、事後的ながら、比較的分かりやすく示されるのではないかと考えている。つまり、予測誤差が一定の時期(1954〜64年前後)を別にすると許容される範囲に収まるような感じがしている。

(4) こうした予測を単純に延長すると、1766〜1784年頃の太陽黒点数約11年周期谷の変動は、2009年以降に逆時系列・逆変動で、先述トレンド上に近い変動があらわれるように考えられる。あくまで予測の範囲における延長である。

このように述べてくると、太陽黒点数長期変動、太陽黒点数約11年周期の山、谷(特に谷)の変動は、それぞれ大・小振幅の100年周期を含みながら、何らかの形で上述してきたような、ある種の変動規則性を表していることが考えられよう。

ひとつの可能性は、正時系列変動、そして逆時系列・逆変動を参考にしてボックス図を組んでみると、約200年の周期性が把握でき、大振幅期は、時を隔てた凹凸型の組み合わせや、相互の振幅オーバーなどで、ボックス図の中に200年規模の柱が読み取れる特徴があると考えられた。また、小振幅期は、中心域基準期を対応期にして、ボックス図の空白期：独立変動期を維持していると考えられる。そして、小振幅期の低水準状態が数十年の長期にわたるときは極小期となろう。こうした類型化に伴う長期傾向の予測というものの認識も意義があると考えた。

一方で、太陽黒点数約11年周期の谷から谷における、期間周期や水準値を予測することも、大切と考えた。主要な部分は先に紹介しているが、予測という観点だけに絞った展開を改めて試みてみよう。ひとつの要点といえる部分である。(図6-4)

この図(6-4)から読み取れる関係は次のようなものである。谷の値を①a期

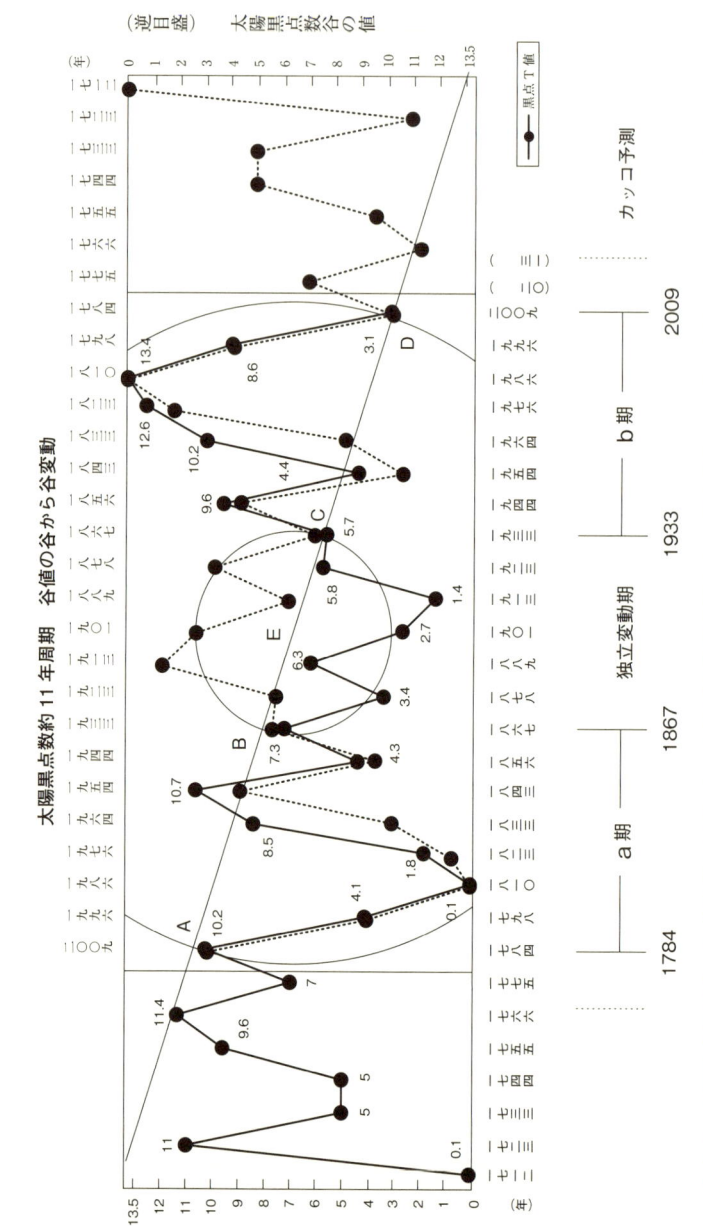

図 6-4 太陽黒点数の谷〜谷変動において、ボックス図の特徴を活かしａ期の変動をもとにｂ期の変動を大まかに予測する関係

注：各谷期の数字は正時系列の谷（実線ドット）の値。ａ期の谷値を基にｂ期の谷値を予測。実線は左正目盛、点線は右逆目盛。（タテ軸範囲は谷値の最小、最大に各 0.1 を加味した） Ta＋Tb≒13.5 〔対応基準期 1901 年〕

(Ta)期と、②独立変動期、そして、③ b 期(Tb)期、に区分して見よう。そうすると、タテ軸の太陽黒点数谷の目盛は、0 から 13.5(左正時系列)、右の逆時系列・逆変動値軸は、その逆目盛になる。このように単純化した、太陽黒点数約 11 年周期谷から谷のボックス図は、大まかな予測値として、事後的ながら、近似的に次の関係で示されよう。(実線、点線上の値を合計してみるかたち)

$$Ta+Tb \fallingdotseq 13.5 \quad (\text{T 値は、a,b 期の実線、点線対応年の値})$$

これは、事後的ながら、太陽黒点数約 11 年周期における、谷の予測値を大まかに測る試みである。(例えば、1944 年は 1856 年と対応：9.6 ＋ 4.3 ≒ 13.9 など)

なお、この関係は、概略の把握で示した場合、(Ta+Tb)が、ボックス図を埋める関係に近い値を示唆していると考えられる。そして、内円部の独立変数期は、内円トレンド BC に伴う変動が、180 度回転することにより、逆時系列・逆変動であらわれると考えている(空白域をもつ変動)。

このようにして、大まかながら予測期間：CD(1933 ～ 2009 年頃)の太陽黒点数約 11 年周期の各谷値概数を導く関係は、次のように示されよう。

$$Tb \fallingdotseq 13.5 - Ta$$

1954 年、1964 年を別にすると、結果がほぼ近い関係になっていると考えられる。

これは、独立変動期(内円部)をとばして、前期の約 70 ～ 80 年間における太陽黒点数約 11 年周期の谷の値を基に、事後的ながら、1933 ～ 2009 年頃における、約 11 年周期の谷の値を近似的に予測したものであると考える。

その基本になるメカニズムは、トレンドに沿って、AB 期間の谷の変動が、独立変動期を過ぎると、CD 期間に、逆時系列・逆変動に近い変化をする、変動特性があると指摘したことにある。そして、この全期間に、太陽黒点数の谷は、0 から 13.4 までの変化をしており、その下限と上限に、各 0.1 の余裕をもって範囲を固定しボックス図に近い関係を作成している。(タテ軸：0 値は、0.1 とした。また、上限目盛は、13.4 に 0.1 を加え 13.5 とした)

6-4 太陽黒点数約 11 年周期における山の場合における予測

太陽黒点数の山の変動について、予測の対象になるような変動比較は可能だろうか。太陽黒点数約 11 年周期の山、正時系列変動と逆時系列の正目盛変動

を、基準期：1901年頃で対応させ比較してみよう。(図6-5)

山の変動をみて、まず気付くことは、独立変動期の変動収束性である。内円期間の約80年間において、円弧に沿うような変動収束傾向が顕著に認められよう。これは小振幅期の核のような期間であり、この全体として約200年程度の周期を左・右に分けている独立変動期と考える。

そして、この独立変動期の前は、ダルトン極小期を含む低い山の時期：約40年と、その回復期を含む比較的しっかりした山の時期：約40年であるといえる。さらに小振幅期に典型的な変動傾向を示す、独立変動期の時期を過して、1930年頃になると、山期としても著しい大振幅期がつながる大極大期の約40年周期を形成する。その後、1970年頃に下降傾向を示した山の変動は、再び台形状の山の高原を約40年間持続させ、2000年頃から下降してくる。

こうした関係は、山の変動推移としてみた場合、内円：独立変動期（中心点を含む）、から2番目の円：山のトレンドの山を画する将来と同方向性を示す時期1930～70年頃に、山の山として加重された変動傾向の影響が考えられる。また、内から3番目の外円：ダルトン期の低い山を反映した1970年からおよそ2000年頃は、過去と反対方向の変動をする周期であるが、その動向を反映

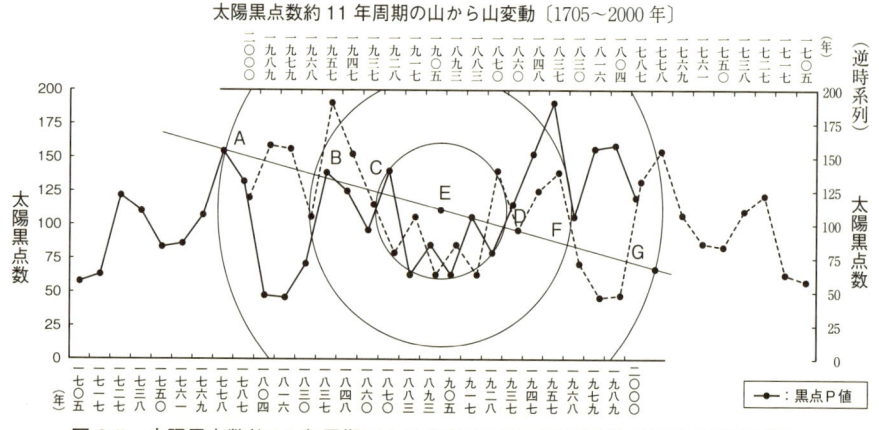

図6-5　太陽黒点数約11年周期における山の変動：正時系列（実線）と逆時系列・正目盛変動（点線）の比較（基準対応期：1901年）

注：変動は半周期で完了している。基準期から左側の変動を比較しながら、内円をとばし、右側の実線を予測する形になる。（点Eをとおる直線は便宜上、トレンドと呼称）

して、先述した台形状の山の高原を形成していると考えられる。なお、最外円：ほぼ現状期ということで、参考までに提示してみた。

このようにして、太陽黒点数約11年周期における山の変動も、独立変動期をはさみ、約40年ごとに、過去の変動と同方向、反対方向の変動方向を示していることが考えられる。

その結果、図6-5のような関係において、AB, BC 期の変動を基に、DF, FG 期の変動を、同方向の変動と、反対方向の変動として、大まかに予測可能といえるかもしれない。1957年のような190に達する山を、どう予測するかという具体的な問題もあるが、これは、トレンド上(DF)に点線の山変動があらわれ、同方向性の山(実線)が予測された場合、顕著なプラス効果が加味されることになると考える(図6-10参照)。いずれにしても、山の変動に、規則性のようなものが認められるかという場合、こうした図を見れば、これもひとつの説明方法と考える。

6-5 太陽黒点数約11年周期における山について、その正時系列と逆時系列・逆変動における場合の予測

太陽黒点数約11年周期における山の変動の予測について、1787～1968年でみた場合、太陽黒点数約11年周期山の変動は、残差項を入れ、これを弾力的に使用して考えると、AB 期の山の変動が、独立変動期(内円期イメージ)をとばして CD 期に、逆時系列・逆変動であらわれる関係が読み取れる。(図6-6-A)

例えば、CD 期の山の変動予測は、逆時系列・逆変動の CD 期の変動(点線)から、残差値を差し引く関係になっていると考えられる。BC 期の独立変動期は、実線の変動をそのまま認めるのがよいと考える。なお、タテ軸は、実線が左側、点線が右側において約160の目盛値(山の最低値調整)で、ボックス図になっていると考える。(タテ軸簡略化)

こうして、全体の太陽黒点数約11年周期山の変動を大まかに予測すると、当該期では、1917～1968年頃が予測可能域と考えられる。その場合、先に使用した、予測の概念式を用いると次のようになる。a 期間、b 期間などの扱いは、前図と同じなので省略する(図6-4参照)。残差は、AB 期、CD 期における

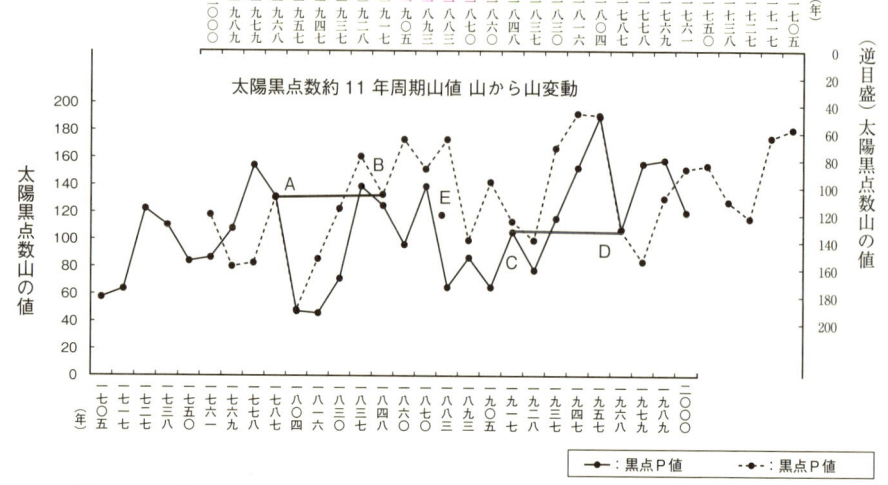

図 6-6-A　太陽黒点数約 11 周期における山の変動：正時系列（実線）と逆時系列・逆変動（点線）の場合（対応基準期：1883 年頃）

注：例えば、(1804 値)＋(1957 値)＋β≒160.。予測概数：Pb＋残差≒160－Pa

実線と点線の差、抽象値：βほどの意味である。BC は独立変動期。(Pa：a 期の山値、Pb：対応期の山値)

　　　Pa＋Pb＋残差≒160（概略タテ軸値）　（CD：1917～1968 年頃：概略予測）

　なお、当該関係については迷いがある。太陽黒点数の長期変動が約 40 年ごとに変動方向を変える傾向について、対応時期をずらした場合、当然、変動傾向が違ってくる。ここでは、1880 年頃か、1901 年頃か、そのいずれかを用いているが、谷の変動と、山の変動、そして長期変動では、それぞれの特徴があったように考えられる。よって、この両者間の使用に限り弾力的扱いを認めていただきたい。一般的な場合は、長期変動や山の変動には 1880 年頃基準を使用してきた。そして谷の変動については、1901 年頃を基準期として多く用いてきた。

　こうした条件制約の整合性について、弾力的適用と断った上で、図 6-5 で用いた手法を一部変えて、逆時系列・逆変動（点線）での対応関係を提示してみたい。正時系列変動（実線）と逆時系列・逆変動（点線）の関係におきなおし、1901 年頃を対応期にして、点線変動のあらわれ方を展望してみたい。予測期を含め

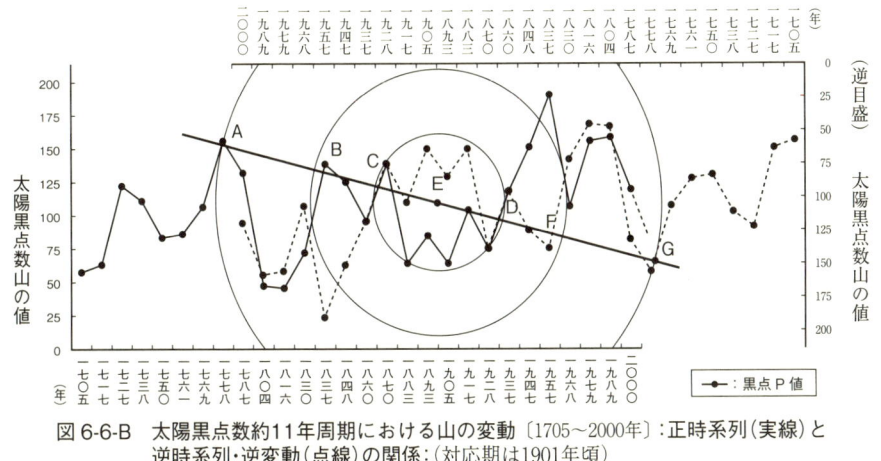

図 6-6-B　太陽黒点数約11年周期における山の変動〔1705～2000年〕：正時系列(実線)と逆時系列・逆変動(点線)の関係：(対応期は1901年頃)

て、1970～2010年頃にかけて、山の変動がどのような傾向で推移しているか、一つの可能性を示唆しているように考えられる。

6-6　太陽黒点数10年平均値の長期正時系列変動と逆時系列・逆変動における予測

　これらの関係を参考にして長期変動を類推してみると、大振幅期は、大まかに予測可能な関係になっていると考えられる。対象期間を900～1800年頃にし、対応期を1380年頃にした関係は、先に大振幅期がかみ合うような関係になり、約100年間の大・小振幅期が代表的極小期を形成する場合の特徴であると指摘してきた。(図6-7)

　なお、単純化して、基準期(1380年頃)以前をA期、以後をB期としよう。そして山期に関心を示してみよう(それぞれ、太陽黒点前期山期、太陽黒点後期山期と略記)。そうすると、山期の凹凸対応期は、概略、1180年頃対1580年頃、そして980年頃対1780年頃と簡略化される。これらの関係もある意味で予測の範疇に入る事柄と考えられる。

　ここに示される小振幅期は、オールト極小期、ウォルフ極小期、シュペーラー極小期、マウンダー極小期であり、全期間を介してタテ目盛で10程度、

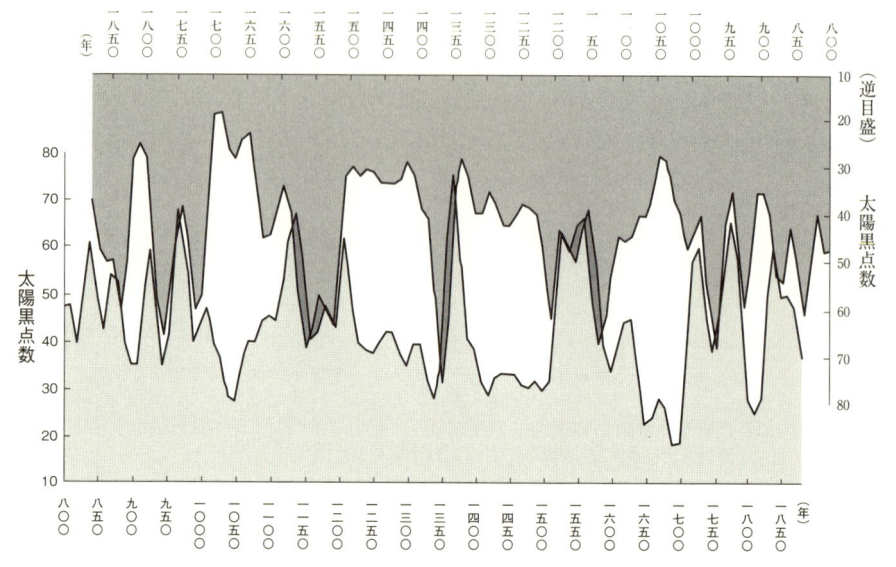

図 6-7　太陽黒点数10年平均値の正時系列変動と逆時系列・逆変動（800〜1850年頃）対応基準期：1380年頃

注：大振幅期が，ほぼかみ合うように対応している。変動自体は半周期で把握可能。ボックス図は，タテ軸目盛 15-85 くらいが考えられる。(図 3-6，参照)

下降している。そして、2つの極小期が、14世紀後半を転換期にして、それ以前の極小期がそれ以後の極小期の逆サイクル状で変化していく予測が大まかに考えられる。こうした指摘も、ある意味で長期予測の一端を担うものと考えられる。数十年間持続する太陽黒点数極小期が、どのような変動周期性をもって生起しているか、関心のもたれる示唆として考えられよう。なお、19世紀から20世紀にかけては、太陽黒点数長期変動が上昇趨勢に転じており、それまでの数世紀と同一トレンド上で比較することは難しい印象をもっている。

6-7　太陽黒点数の約100年周期について再考

　太陽黒点数約11年周期は、太陽黒点数変動の基本周期であり、その変動過程のなかで、太陽黒点数100年周期をあらわしていると考える。この点を改め

て考えてみよう。太陽黒点数約11年周期は、谷から谷が約11年周期変動を形成している。ここ2世紀ほどでみれば9年から14年ほどの期間における平均が11年周期として示されよう。

　この基本周期から、幾つかの大切な関係が把握されると考えるが、その中でも、太陽黒点数の約100年周期は、改めて見直しておく必要があると考えられる。それは次のような関係を指している。

　太陽黒点数11年周期の変動は、ダルトン極小期における低い山と周期の長さがひとつの特徴である。そして、20世紀後半になると、著しく高い山が幾つも現れるようになってきた。こうした状況推移によって、ある種、混乱気味の傾向がうかがえる様相を呈している。太陽黒点数周期は、このように、多くの場合、山の高さに関心が集まり、その動向が関心を集めてきたが、それだけではないと考えている。

　こうした状況推移の中で、筆者は次のように谷にも関心をもっている。つまり、太陽黒点数約11年周期は、谷にも固有の変動があると考える。それらは、約100年周期でゼロ水準近傍に収束しており、大振幅の約100年、小振幅の約100年にとらわれず、太陽黒点数約11年周期の谷が、ゼロ水準か、その近傍に収束してくることで特徴をもっていると考える。

　これらは、太陽黒点数約11年基本周期を束ねた、大基本周期として、各10年頃に100年規模でゼロ水準近傍に収束する、大まかな規則性があるように考えられる。1712年頃、1810年頃、1913年頃、2009年頃、その約11年周期における谷は、途中の谷に比べ、かなりはっきりとゼロ水準近傍に収束していると考えられる。この関係を太陽黒点数11年周期7期移動平均図で確かめてみよう（図6-8）。これは、黒点の約11年周期特性を活かしながら、長期変動に対応させるための使法である。

　そして、先に6n期に該当する約11年周期は、太陽黒点数長期変動の変動転換期に相当してくる可能性を指摘した。次に、期間周期として、その6n期を除いてみると、NO.1～NO.5までの各約11年周期の谷から谷期間、同様にして、NO.7～NO.11の谷から谷期間、NO.13～NO.17の谷から谷期間のように見てくると、この期間には5つのシュワーベ・サイクルが入っており、その期間合計が、ほぼ55年という関係を指摘したものであった。

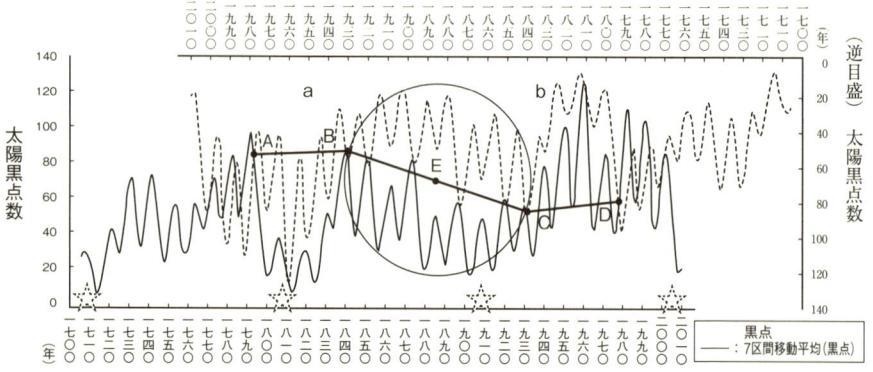

図 6-8 太陽黒点数約 11 年周期の 7 期移動平均における正時系列変動（実線）と逆時系列・逆変動（点線）：対応期：1885 年頃〔1700～2010〕

注：☆印は、太陽黒点数変動の約 100 年周期

　太陽黒点数約 11 年周期 7 期移動平均は、まだ黒点数の約 11 年周期の基本形を留めている。その一方で、黒点長期変動の方向転換期の約 40 年周期が反映されている。よって、①黒点約 11 年周期の観点でみる、そして、②長期変動の観点でみる、この 2 つの見方に応用できると考える。

　そこで、正時系列の実線変動を左タテ軸約 140 目盛とみて、逆時系列・逆変動を右タテ軸（逆目盛）とする。そして、概略、1760 ～ 2010 年頃の、正時系列変動および逆時系列・逆変動が、ボックス図の様相を示してこの中に収まってくる。これを使用している。対応期は 1885 年頃（80 ～ 90 年）になる。この内円部は、例によって独立変動期としよう。基準期を含むので、例はよくないが、内円中心基準期の前後期は赤道を越えるようなイメージの関係と考えられる。

　そこで、正時系列変動の AB が 180 度回転して、CD 上にあらわれてくる大まかな傾向というものが推察されよう。ひとつの要点は、1810 年頃の谷が回転して山に転じ、元々、黒点数の極大期をもっていた、1957 年の山と補完関係になってくる関係を含意している。また、1970 年頃の一時後退も過去との同調性と考える。

　図 6-8 から分かるように、期間：1800 ～ 40 年頃(a)と、事後予測期間の 1940 ～ 1980 年頃(b)が対応してくることは、原系列でいえば、180 度回転した変動

が、独立変動期（内円期）を経過した後の変動と、同方向で類似した変動をしていることに他ならない。このCD期間の変動は、概略と断った上で、1957年が、何故、高い山（11年周期では190）になったかをあらわすことについて、1810年頃の逆サイクルとして、ひとつの仮説を示唆できる可能性をもっていると考える。また、当該前期は、いわゆるダルトン極小期を含む時期である。それが上述の180度回転で、20世紀後半に、過去数世紀に照らしても大きな振幅と重なってくるように感じられる。

なお、予測という観点に立ち戻って見直すと、CD期の変動は、AB期の変動の逆時系列・逆変動に、残差項を介在させて調整した関係に近いものとして把握されよう。

6-8　太陽黒点数約11年周期でみる山から山の変動予測について（1800〜1970年頃）

当該分野に関心をもっていると、共通の認識は、何らかのかたちで太陽黒点数約11年周期に関わってくる。しかし、その周期性や変動性は、分かるようで分からない。そうした印象をぬぐえないでいる。

しかし、この分野に言及しないわけにはいかない。そうした追い込まれた気持ちが伏在している。この点を正直に述べて、1800年頃から1970年頃の太陽黒点数約11年周期について、その山の変動を中心に考えてみたい。この期間は、黒点数約11年周期の谷の最低値（1810年頃）を含み、谷の高さにおいても10水準を含んでいる。また、山の高さにおいても50水準に満たない低い山と、山の高さ190といった高い山を含んでいる特徴が認められる。そして、先に、黒点数約11年周期の谷に関する予測のところで述べてきたように、黒点数約11年周期の谷や山の変動振幅などで特色ある期間と考えている（図6-4参照）。

ここで、大まかな概念区分をするために、太陽黒点周期NO.5と基準期：NO.12、そしてNO.19（以下○数字）に影を付けて対象期間の範囲を分かりやすくしている（図6-9）。そして、ここでの結論は、この基準期⑫を介した、前・後の黒点数約11年周期変動の山が対になって、合計でほぼ200水準前後に収ま

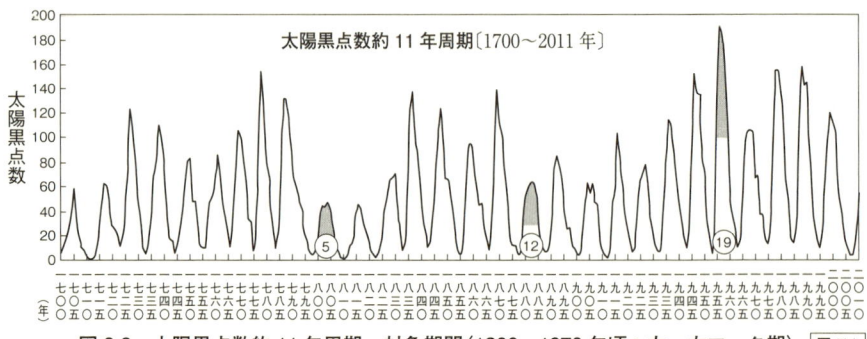

図6-9 太陽黒点数約11年周期　対象期間（1800〜1970年頃：左・右マーク期）　□黒点
注：影のついた周期は，NO.5，NO.12（基準期），NO.19で，13-19が大まかな予測期間。

る傾向の指摘に関する試論である（上下変動誤差約30程度）。こうした傾向の指摘は、当該期間に限るとしても、事後的に、この次の黒点数約11年周期が、どの程度の振幅になるか、傾向としてみる場合、ひとつの事後予測を、ある程度可能にするものと考えられる（図6-10）。（なお⑫は6n期）

例えば、基準期⑫を介して、その「前後の山」を順に記してみると、太陽黒点周期、⑪と⑬の山、一つとばして、⑨と⑮の山、⑧と⑯の山、⑦と⑰の山、⑥と⑱の山、そして⑤の谷近くと⑲の山、20-23は山と谷が対応する関係になっている。（なお、⑩と⑭の場合は、⑭が別の谷基準期になる関係と考える）

これら○数字周期の山は、合計値が、約200（誤差プラス・マイナス30程度）と考えられる。見方によって、黒点数約11年周期の山の値がプラス・マイナス30もあるのでは、試論も予測もないという指摘もあろう。その場合には、それまでのものとしてお許しいただきたい。

しかし、大まかながら、太陽黒点数約11年周期の山を予測するというのは、限られた期間といえども、大変なことと感じられる。当該期間を見ただけでも、山の高さは、約50から190あたりまで幅がある。このような変動幅を勘案すると、気持ちで思うほど容易にはいかないという印象が強い。（黒点11年周期の規則性を含む可能性もある）

ところで、このような関係は、図で把握しようとした場合、どのようにみればよいだろうか。統計値の把握による比較ではなく、あくまで図表程度の概念

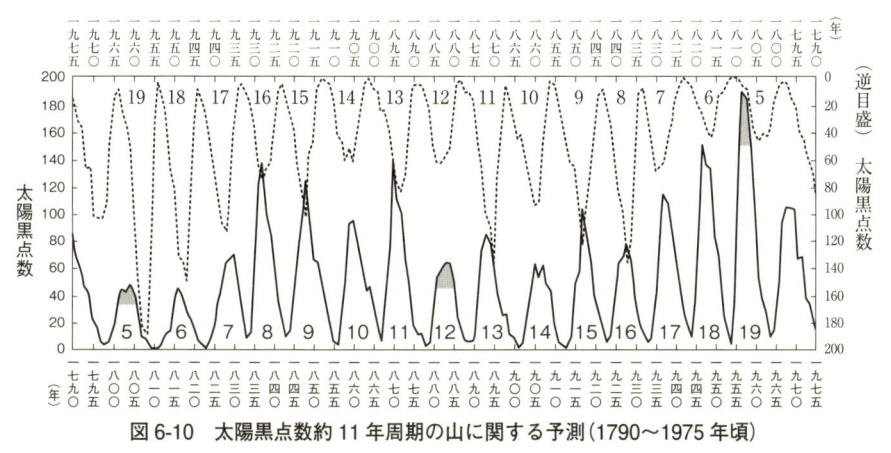

6 太陽黒点数の予測に関する構想試案 —— 101

図 6-10 太陽黒点数約 11 年周期の山に関する予測(1790〜1975 年頃)

注：基準期 No.12 と前後の偶数期⑩と⑭を別にすると，基準期両サイドの組み合わせで(例⑪と⑬など)，山値の合計が約 200 前後に収まる。⑬〜⑲が予測期間になる。

提示である。

　この期間は、1800 年頃から 1970 年頃で、太陽黒点数周期番号(チューリッヒ番号)でいえば、NO.5 〜 NO.19 あたりである。そして基準期を 1885 年(1880 〜 90 年頃)としよう。その正時系列変動(実線)と、逆時系列・逆変動(点線：上横軸とタテ逆目盛)を基準期で対応させ、ボックス図のような関係を作り出してみる(図 6-10)。

　そうすると、タテ軸は 0 から 200 の範囲で黒点数約 11 年周期変動は収まってこよう。その変動で、目測において、基準期の山が正時系列変動と逆時系列・逆変動で対応するように配置してみると、当該期間では、おおむねこの関係が維持されていると考えられる(⑤と⑲の場合は別)。この関係は、概略と断った上で次のように示されるかもしれない。(便宜的には、実線の山と点線の山の合計と解することもできる)

$$Sap + Sbp \fallingdotseq 200$$ 　(但し、± 30 の誤差含む)

　上に述べた条件を基に、S は、太陽黒点数(約 11 年周期)、a は基準期より前の期間、p は山、Sap は，基準期 1885 年頃より前の約 11 年周期の山値の意味。なお、b は基準期より後の期間。その山値は Sbp で、同様の約 11 年周期の山をあらわす。

実線と点線の山が、おおむね対応する関係になっていることは、太陽黒点数周期番号で比較した場合、先ほど述べたような、期間を隔てた周期の山における、対応合計値が200前後になる関係と考えられる。これは、事後的ながら、大まかに基準期の後につながる黒点数約11年周期山の概数を把握し、予測するひとつの手段として、その可能性を示すと考える。

　なお、ここで太陽黒点数約11年周期の谷、山、という場合、全体の変動ボリュームが、その意味合いに入っているわけで、その点で、谷だけのデータ、山だけのデータを比較する場合と違っている。ここで指摘するのは連続した時系列変動上における谷や山である点に留意頂きたい。

　これまでの展開過程に照らして、条件期間を略して言えば、山を次のようなイメージで示した($S_{bp} ≒ 200 - S_{ap}$　誤差は±30)。また、谷は次のようなイメージで示した($Tb ≒ 13.5 - Ta$)。

　このようにして、それぞれ一定の事後的期間に限られていても、大まかながら黒点数約11年周期の山と谷の値を予測するというのは、その傾向や規則性などについて、ひとつの大まかな参考事例になると考える。

6-9　太陽黒点数約11年周期変動とその山から山変動についての構想(1)

　幾つもの図形を見ていると、考えや理論ということは別にして、変動周期上において、ある種の類似性や傾向というものに出会う。そうした印象について少し述べておきたい。

　太陽黒点数約20年移動平均であらわす長期変動のときにも用いてきたが、正時系列変動と、逆時系列・逆変動を基準期(1880年頃)で比較したとき、基準期あたりに目立つ空白域が生じる。これは小振幅期の谷辺りが対応した形になっているからであるが、この傾向は、太陽黒点数約11年周期、そして山から山、更には谷から谷の変動においても認められると考える。

　基準期を、1880年頃や、1901年頃の小振幅期の谷辺りに設定しているから、そうなるということは分かるが、ここまで同じような傾向が認められると、ある意味で、記しておいたほうがいいかもしれないと思うようになった。

　ここでは、太陽黒点数約11年周期の山について、上述、正・逆変動を述べ

ているが、200年ほどのタイムスパンで、これを簡単に言えば、見方によって、①対応基準期に空白域の生じることが多い（独立変動期として扱ってきた）。②Ｓ字カーブや三次関数のような大小残差期が認められる。経済学でいうと、経済発展パターンを類型化するときによく使う、ロジスティック・カーブに近い感じで。残差傾向線がこれに似た形状でよくあらわれる。

なんら理論的なことではなく、そうした関係に出会うことが多い。時系列変動において、例えば、1800～1970年頃というように、勝手に切り取って比較しているわけであるが、いまＳ字について、上昇傾向をもつＳ字で、変曲点に至るまでを凸傾向、その後を凹傾向のイメージとしよう。

太陽黒点数約11年周期の山も、大まかにいえば、変曲点に○のついたＳ字カーブのような変動パターンが介在しているように思われる。○の時期を過ぎるとＳ字の後半部分が、前期の逆時系列・逆変動のような形であらわれる傾向がこうした場合に認められると感じている。トレンド転換など幾つかの含意はあるが、傾向の提示、示唆でとどめておくべきだろう。（図6-11）

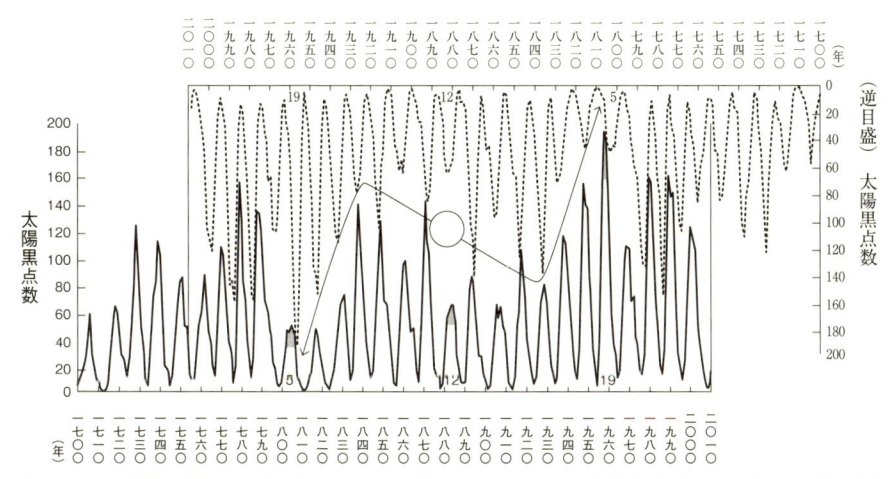

図6-11　太陽黒点数約11年周期（1700～2010年）の山における正時系列変動と逆時系列・逆変動（基準期：No.12）：主たる対象期間（1800～1970年頃）

6-10　太陽黒点数約11年周期変動とその山から山変動についての構想(2)

　前節(1)で、1800〜1970年頃について黒点数約11年周期山の対応関係を基に予測の関係を見てきた。しかし、現実の問題としては、1970年以後について、どのようになっているのか関心がもたれる。

　そこで、対応期を1870年頃にして、半周期ほどのズレを調整し、1970〜2010年頃の黒点数約11年周期について比較してみることにした。その場合、20世紀後半は大振幅の黒点数約11年周期が続くので、タテ軸を調整し、正時系列のタテ目盛は黒点数0〜230とした。また、逆時系列・逆変動のタテ軸は同逆目盛とした。

　こうした太陽黒点数約11年周期ボックス図を作成し、基準期を1870年頃にして、1970〜2000年頃にかけて黒点周期の山から山が対応するように設定した。その結果、山の合計値は、ボックス図タテ軸に近い関係となり、先に提示した山についての関係式が応用的に適用できそうである(図6-10参照)。次のように示されよう。

$$Sap + Sbp ≒ 230 \quad (但し、±30の誤差含む)$$

　上に述べた条件を基に、Sは、太陽黒点数(約11年周期)、aは対応してくる黒点数約11年周期の山で、その山値はS_{ap}。図中のA-Dでそれぞれ対応する(1740年頃〜1770年頃)。なお、bは太陽黒点周期NO.20〜23の期間、pは山、S_{bp}は、b期の約11年周期の山値の意味。

　このように同様の関係として把握し、1970〜2000年頃の山を見てみると、太陽黒点数約11年周期番号をカッコで示し、山から山の対応関係を見てみる。黒点周期番号(20)対(2)、同(21)対(1)、同(22)対(−1)、同(23)対(−2)である(1970〜2010年頃の山と大まかに対応する1740〜1770年頃の山)。図6-12においては、A, B, C, Dの記号を付して時期を提示している。

　なお、NO.24の山は予測の段階であり、図を見ればおおむね予測できる関係になっているかと考えるが、具体的な予測は避けておきたい。

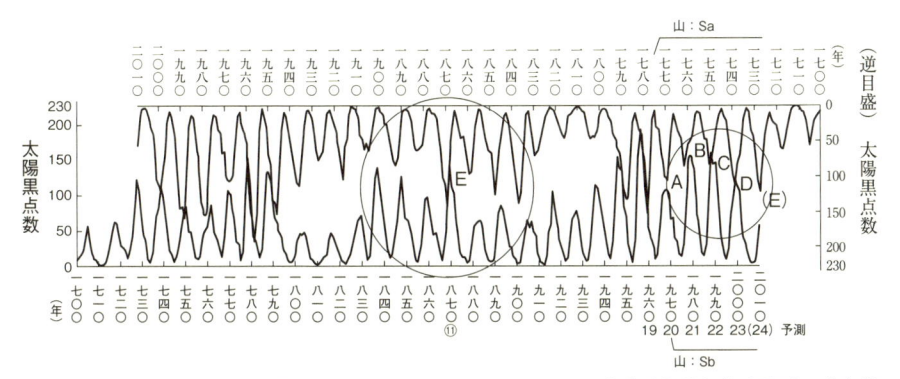

図 6-12　太陽黒点約 11 年周期（1700〜2010 年）の山における正時系列変動と逆時系列・逆変動
　　　　（1970〜2010 年頃）

　　注：対応基準期は 1870 年頃, 事後的予測期間は太陽黒点周期 NO.20〜NO.23 である。(A−D)

7 これまでの考察再考

7-1 なぜ14世紀後半が基準なのか

　下降トレンドをもつ、900～1800年の太陽黒点数長期変動(10年平均値)において、①1380年頃を基準にした事情を少し述べておきたい。②また、太陽黒点数長期変動が、約100年規模の大・小変動を繰り返している関係を、レーダー図で把握しておきたい。

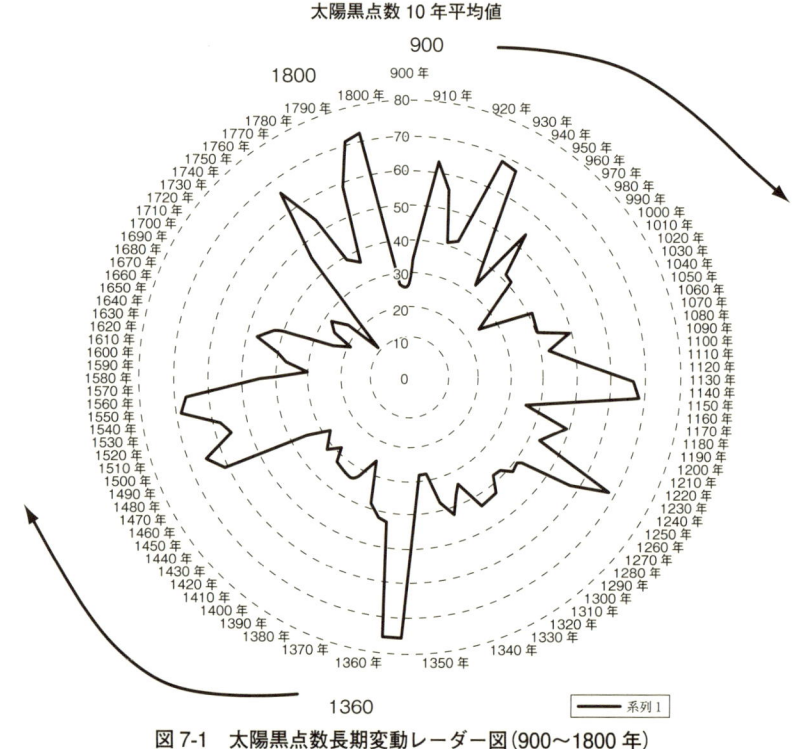

図7-1　太陽黒点数長期変動レーダー図(900～1800年)

振幅、60水準をこえる変動領域をもつ周期は、大振幅期であると考える。頭二桁奇数期の100年と単純化してきた。900年代、1100年代、1300年代、1500年代、1700年代が大まかに該当してくる。また、おおむね全変動の振幅が、50水準以下に収まるような周期は、小振幅期としてきた。頭二桁が偶数期の1000年前後、1200年前後、1400年前後、1600年代が、それにあたる。

図7-1は、半円周期が900〜1350年頃、1350〜1800年頃の左右に大別される。そのとき、1360年頃の高い山は特異な形状をしており、他の大振幅期とは異なる。つまり、2つの峰をもたず、1つの峰で山を形成している特徴である。当該900年間において、唯一のケースである。よって、当該期(1360〜80年頃)は、太陽黒点数長期変動の変動転換期になっていると考えられる。

変動周期上、何か特徴ある意義をもつものと考えた。例えとしては、いささか幼稚であるが、自分には、これが、ナスカの地上絵：ハチドリのような印象を受ける。14世紀後半の山をくちばしにして、左・右の各約450年間の変動軌跡が、見方によって、羽のようにも見えるのである。

つまり、大振幅の約100年、小振幅の約100年が、14世紀後半を基準にして、左・右で同じような変動を繰りかえしていると考えられる。10年平均値の2期移動平均で、基準期を1380年頃(1360〜80年頃)としたのは、こうした見方も許容されると考えたものである。

この期間のレーダー図(図7-1)と、時系列図(図3-6)は、図のとおりであるが、時系列図において、1380年頃を対応期にした、正・逆変動図からは、①大振幅期の凹凸柱状の壁と、②小振幅期の対応関係、オールト極小期とマウンダー極小期の対応関係、そして、ウォルフ極小期と、シュペーラー極小期の対応関係が、逆サイクルで読み取れると考える。これらは、太陽黒点数長期変動における、ある種の規則性に近い関係といえよう。超長期の変動は、レーダー図のような把握方法も役立つであろうか。

7-2 空白域をもつ正・逆変動図について

太陽黒点数長期変動を、信頼できる年次データ処理で扱った期間は、1750〜2010年頃である。この間の、変動処理には幾つかの特色がある。

(1) 長期変動について、多くの場合、20年移動平均で処理してきた。その結果、1880年頃(80〜90年頃)を対応基準期にして、逆サイクル図をボックス状に組んでみると、中心部の極小期が、独立変動域になってくる特色がある。長期変動のトレンドを勘案してみても、この期間は独立した変動期で、説明の整合性上、苦慮することが多い。

　全体の時系列期間からすれば、とばしていくと、それはそれで、独立変動期として済むものの、200年規模の上述した太陽黒点数変動を、正・逆変動のボックス状に組んだ場合、この対応期域の、変動振幅が、小さいことから空白域を含み、その前後の太陽黒点数長期変動が、約40年ごとに、過去の変動と同方向や反対方向の変動を繰り返している傾向が認められることであった。

　なぜ、小振幅期に、逆サイクルの補完性がうすれ、他の多くの時期、特に大振幅期は凹凸を組み合わせたような関係で、ボックス図が埋まってくるのだろうか。素朴にそのような疑問が介在した。黒点数の少ない時期を対応期にしたからそうなる、それだけで済まない何かを感ずる。

　逆サイクルにおける過去の変動と同方向の場合、その40年間に、変動補完性・同調性がうかがえることへの関心であった。これも、ある種の規則性を感じるものであった。(図3-12、図3-13参照)

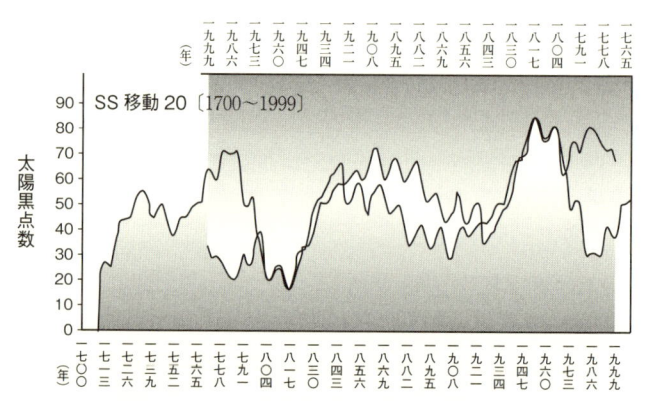

図7-2　太陽黒点数20年移動平均正・逆変動の網かけ図（1880年頃対応）
注：正時系列変動と、逆時系列・逆変動の比較（右部分略）

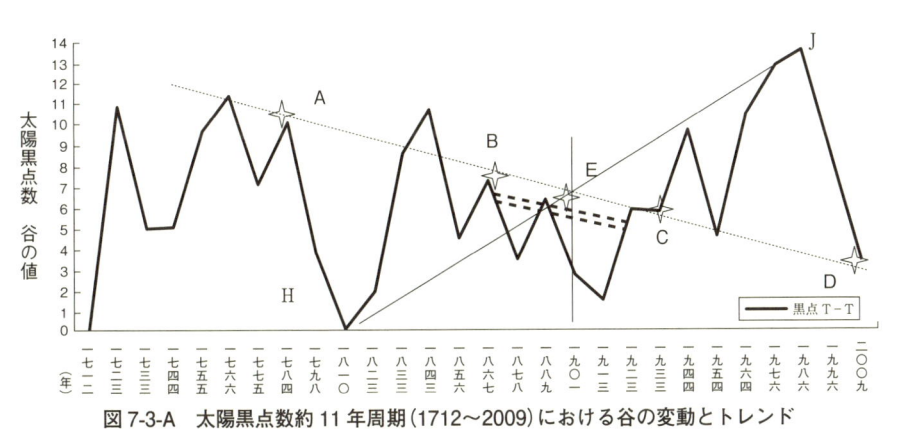

図 7-3-A　太陽黒点数約 11 年周期（1712〜2009）における谷の変動とトレンド
注：CD 期は大まかに予測可能（△EAH と△EDJ に含まれる関係）。

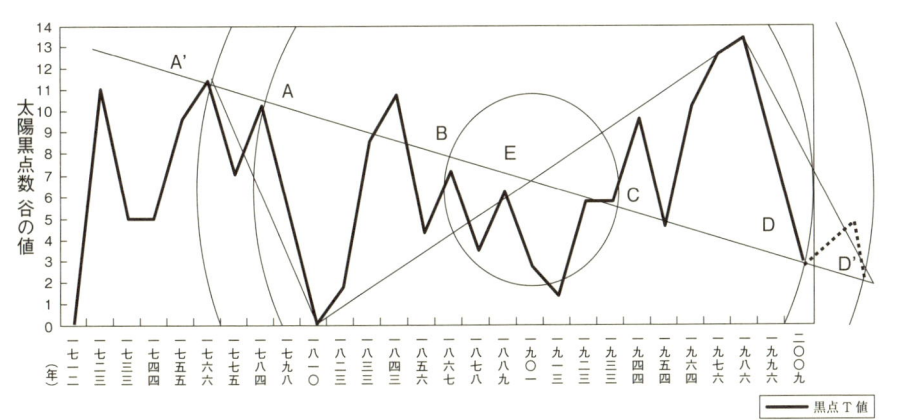

図 7-3-B　太陽黒点数約 11 年周期（1712〜2009）における谷の変動予測（点線）とトレンド
注：D-D'間は 予測部分（2020〜2031 年頃の SS11 年周期の谷予測）。

(2)　また、太陽黒点数約 11 年周期における谷−谷の、谷だけの周期を引き出して変動性をみてきたが、そこから、約 100 年周期の変動が把握されたと考える。大振幅期、小振幅期ともに、各 10 年頃、太陽黒点数谷の変動は、ゼロ水準近くに収束してくる周期性の指摘がそれである。これは、変動全体に反映しており、変動の指標になりうる性格のものと判断した。
（図 7-3-A 参照）

こうした谷から谷周期を別に取り出し、長期変動と同じように、200 年規

模のタイムスパンで、対応期を1901年としてボックス形状で比較した場合、正・逆変動の対応期(1901年前後)は、空白域になってくる。そして、その前後の変動は、過去の変動を、現在の変動が補完していく形で、これを埋め合わせている。谷の変動における特徴は次のとおりである。

(1) 40年ごとの変化がない。その制約がないだけでなく、空白が生じる対応中心域における趨勢も、一本のトレンドで示される可能性がある。

(2) そして、トレンドは、前半の変動における山に沿っており、独立変動期も同じ趨勢で、その後、トレンド線は、変動の谷にそっている特徴があると考えられる。

これは、近い将来の谷の値について、ひとつの予測を可能にすると考える。2020年頃、2031年頃の約11年周期の谷がそれである。(但し、単純予測)

こうした特性を勘案し、太陽黒点数約11年周期の谷から谷周期は、約100年という期間周期性だけでなく、変動傾向の把握にも役立つ可能性があると考えられる。

ここで、図7-3-Aを描いて、太陽黒点11年周期谷の変動を見直してみよう(基準期:1901年)。

(1) 考察に使用する期間は、1780年〜2010年頃。

(2) 大まかにAB間の変動は、谷における山のトレンドを形成しながら変動している。

(3) BC間の変動は、基準期1901の点Eを含みながら独立に存在している。

(4) CDは、大まかに予測可能領域と考えられる。ABトレンドで谷の山ゾーンを形成する変動が、180度回転して、谷変動の谷のトレンドにかわり、ABの変動が逆時系列・逆変動形で、トレンド上にあらわれることが類似で予測される。

(5) この太陽黒点数約11年周期谷の変動は、約100年周期でゼロ水準近傍に収束すると考える。そして、ABとCDにかかわる変動がおおむね逆サイクルになっている規則性のような関係が考えられる。この場合、正・逆変動で空白域が生じるのはBC間である(二重点線部分)。

7-3 太陽黒点数約100年周期についての特徴

　14世紀から19世紀の間で、太陽黒点数長期変動を把握した場合、大振幅期約100年と小振幅期約100年の周期変動に、2つの特徴が認められるとした。①ひとつは、代表的極小期がこの間に含まれていること。また、長期変動に下降トレンドが目立つことである。②ふたつには、多くの場合、大振幅期における2峰形成の山が、正・逆サイクル図で比較してみると(対応基準期：1380年頃)、ながい時を隔て、2つの峰をもつ山同士が凹凸状に組み合わさる傾向をもつことであった。そのことによって、大振幅期は、両サイドが壁となり、その間にはさまれた小振幅期は、過去の逆サイクルを反映した形であらわれている極小期のS型、M型パターンの生じる特性である。規模の大きな極小期が生じる場合、こうした大振幅期の凹凸組み合わせが介在する可能性の指摘である。(図3-6参照)

　換言すれば、約100年周期の大振幅期には、目立った極小期が生起していない。その多くは、小振幅期に生じている。その場合、期間・規模の大きなものは、逆サイクルで、山が補完的に組み合わさる傾向により、小振幅期の特性が、時を隔てて反映される傾向が考えられる点である。何故、そのような関係が時系列上で生じるのであろうか。

7-4 太陽黒点数約11年周期の谷から谷周期と山から山周期の傾向線について

　これは、太陽黒点数約11年周期における、①谷から谷の変動(内側のタテ目盛と下の折れ線)、そして山の値だけを取り出した、②山から山の変動を表している。(図7-5)

　谷の変動については、トレンド線と共にいろいろな観点から取り上げてきたが、太陽黒点数約11年周期における山の変動については、どうだろうかという観点から、傾向線だけでも言及してみようと思い、取り上げた。

　そうした意味で、山から山の変動は、谷から谷の変動ほどの関係を指摘できないが、大まかにみた場合、谷から谷の変動は、太陽黒点数20年移動平均の

傾向を反映しているような感じがする。山から山の変動は、太陽黒点数10年移動平均の傾向に近いと考える。

当該全期間について、谷と山は、おおむね同じ方向性をもって変動しているといえる。しかし、1954(谷)と1957年(山)のように、明らかに反対方向の時期があり、一貫した決まりのような説明は難しい。大胆な仮説としては、次のようなことが考えられる。(ここで使用しているトレンドは、太陽黒点数長期変動を直接反映していない)

太陽黒点数20年移動平均図を、正・逆時系列変動として把握し、1885年を対応期にして比較してみると、太陽黒点の逆時系列変動(点線)は、1930年頃に、正・逆変動が交差し、逆時系列変動は、ダルトン極小期の深い谷に該当してくる。それが1950年頃である。そして、1980年頃には、再び正時系列変動の、高い第2峰に接するまで上昇してくる。(1880年頃の基準期から、前・後50年の倍数期に同水準へ回帰傾向が見込まれる：タイムスパン：200年)

上述した関係のイメージを図に示すと図7-4のようになる。直接対象になる期間は、右側の変動(実線と点線が交わった)1930年頃から約40年間である。

谷から谷の変動は、イメージとして、1780年頃から1930年頃にかけ、太陽

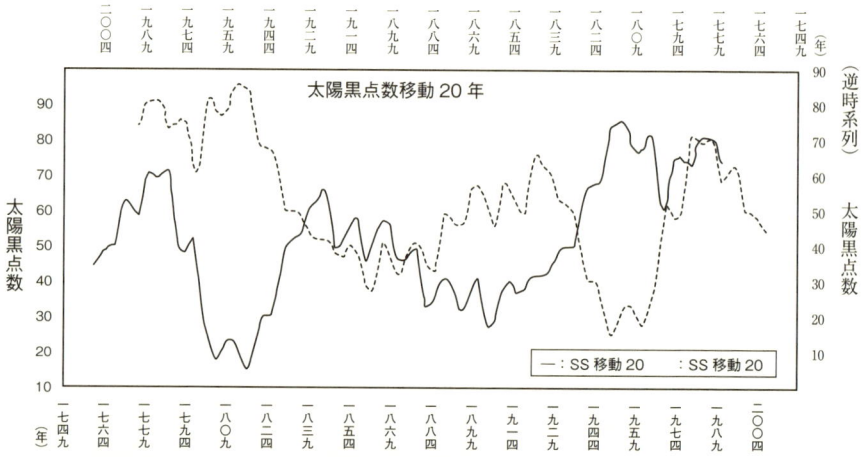

図7-4　太陽黒点数20年〔1749～2004年〕移動平均正・逆時系列図：基準1880年頃（右目盛、上へ10シフト）：便宜上の図

注：逆時系列変動を意図的に移動しているイメージ図である。

黒点数 20 年移動平均の変動に、類似した変動(実線)をしていると考える。そして、「1930 年頃から、逆時系列変動(点線)に移行し、1955 年頃に、谷をしるして、以後、急速な上昇に転じている」。このような反転現象が認められる。これは、太陽黒点数、谷から谷変動の影だと考える。一方、山は、実線の変動どおり、1930 年頃から 1990 年頃にかけて、2 峰形式の高い山を形成している。

　太陽黒点数、谷から谷の変動において、1930 年頃から 80 年頃まで、上述したような正時系列変動と比較した、下方反転(点線)が生じている可能性がある。(図 7-4)こうした関係を考慮してみると、谷の変動は、1950 年代中葉に、低い値に引き戻されている関係が予測される。その後、急速に上昇して、ちょうどダルトン極小期前の 1780 年頃の山に、逆時系列で駆け登るように、1980 年頃には、同水準まで急速な上昇を示している。この推移だけを反映させると、谷の変動軌跡は、トレンド線の上下をこえて、類似した変動をしていることに気付くと考えられる。1954 年の太陽黒点数谷の値(4.4)が小さいのは、こうした関係を反映しており、1957 年の山の値は、正時系列変動どおり、190 と

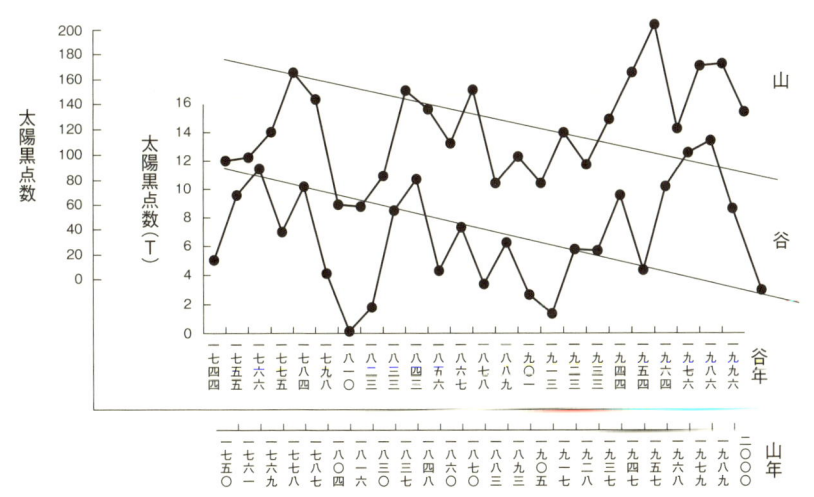

図 7-5　太陽黒点数約 11 年周期における谷から谷変動と山から山変動の関係
太陽黒点数 11 年周期 T－T (1744～1996)⑰, P－P (1750～2000)⑭
注：先に述べたように，単純化してみれば，山の変動は太陽黒点数約 10 年移動平均に近く，谷の変動は，1930 年頃までは，太陽黒点数 20 年移動平均，1930 年以後は，基準期で右へ折り返した太陽黒点数 20 年移動平均図に類似。(谷は予測値含む)

いう高い値を記している。あくまで仮説である。

　それでもなお、こうした傾向線を示唆し、山の変動傾向について展望してみようとしているのは、顕著な反対方向変化というものも、変動性の中に取り込めば、ひとつの見方としては許されるかと考えている。

　ここに示してある傾向線は、長期変動に照らした場合、大振幅期から小振幅期を経て、再び、大振幅期を経過している太陽黒点数の変動傾向を反映しているといえる。統計処理をしたトレンドではなく、目察で、傾向線を示したものであるが、山から山の変動について、前半は、山の山傾向線が、1920年頃を過ぎると、山の谷傾向線のような感じに変わってくる。その意味で言えば、太陽黒点数10年移動平均図における、山の軌跡を見ればわかるように、1840～1930年頃の、独立変動期を介して、基準期：1880年頃(80～90年)を対応期にして、正時系列変動と、逆時系列・逆変動が、約40年ごとに同方向変化と、反対方向変化を繰り返している傾向が認められる。こうして、太陽黒点数10年移動平均波動、同20年移動平均波動においても、約40年周期で、同方向、反対方向の変化をしていることが考えられる。

　この傾向線は、何かを考えると、太陽黒点数移動20年変動の右下がりBトレンドとして用いてきたものという感じがする。ここでは、深入りをせず、山の変動にも傾向線を提示できる可能性がある関係を示すにとどめておきたい。

7-5　太陽黒点数20年移動平均において変動方向を変える約40年周期について

　太陽黒点数の長期変動を、1880年頃を基準にして展望すると、正時系列図と逆時系列・逆変動の図から、約40年ごとに、両者が、同方向、反対方向の変動を繰り返している可能性があるとしてきた。そのイメージを膨らませて、1970年以降の変動は、どのようになっているか、概略を展望してみよう。基準期を含む内円と外円があり、この1970～2010年頃の太陽黒点数長期変動は、逆時系列・逆変動と反対方向の変化をしていることが考えられる。太陽黒点数長期変動は、1950年頃から2000年頃にかけて、2峰形式の山を示しているわけであるが、基準期を1880年頃と定めて、過去の変動と逆サイクルで比

7 これまでの考察再考 —— 115

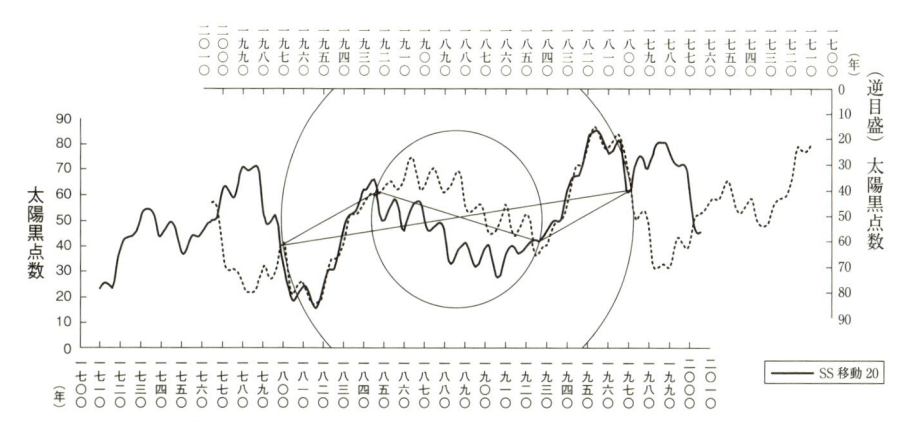

図7-6 太陽黒点数20年移動平均(1700〜2010年)正・逆サイクルの周期性(基準:1880年頃)
注:期間:1700〜2010年。1970年における円の,次の円は2010年頃の予測。約40年ごとに変動方向を変えている可能性がある。第3の円弧も予測される。

較してみると、同方向の変化をする約40年と、反対方向の変化をする約40年として把握されよう。

これは、太陽黒点数変動が、ある一定の変動域を維持して変動する場合、大切な要件と考えられる。こうした関係が部分的に読み取れる可能性があると考える。

これまで、太陽黒点数長期変動(移動20年)は、基準期:1880年頃から、前・後合わせて約100年間、200年間において、ほぼ同水準域に回帰する傾向が認められると指摘してきた。これは、基準期から単純に見れば、前・後50年の倍数期に同水準域に回帰傾向を示すという関係の指摘でもあった。(『脈動』参照)

この構想を大まかに拡大解釈し、太陽黒点数長期変動が約40年ごとに変動方向を変えているというケースに応用してみよう。年代目盛は、円上において変化し、必ずしも正確ではないが、構想のイメージは把握できると考える。

そこで、1880年頃を対応期にして、正時系列変動を実線で示し、逆時系列変動(正目盛)を点線で示した。そうすると、対応基準期、1880年頃の10年ほどを共有期(80〜90年頃)にして、基準点をEとすると、大まかな目盛判断で、1760年頃、1800年頃、1840年頃、基準期:1880〜90年頃、1930年頃、1970

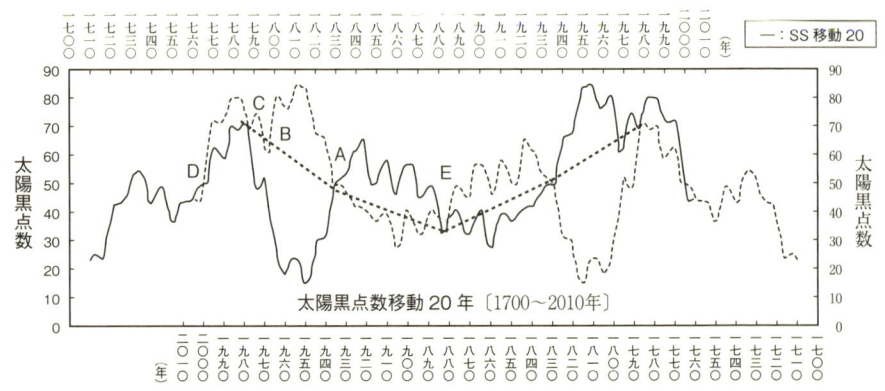

図 7-7　太陽黒点数 20 年移動平均における正・逆時系列変動の周期性 （対応基準：1880年頃）
注：正時系列(実線)は上横軸。

年頃、2010年あたりをとおる円が描けるように考える。

そして、太陽黒点数長期変動の実線と、点線の軌跡を大まかに把握してみると、変動自体は、半局面で把握できることが認識されよう。また、各期間の実線、点線の変動軌跡の特徴から、同方向性や、反対方向性が、概略40年ほどの期間を介して認められると考える。

これは、対応する同方向、反対方向の軌跡が、大きく時代を隔てていることが特徴である。そうした点を勘案し、太陽黒点数長期変動は、1760〜1880年頃にかけてあらわれる変動が、その後、逆時系列上に、それまでと反対傾向の変動や、同方向の変動としてあらわれる規則性のようなものが、約40年期間周期(上述年代)として提示されよう。

なお、点線で示したトレンドと、点線・実線の交点域、接線域は、基準期：1880年頃から50年の倍数期に同水準に回帰傾向を示す関係を意味している。

7-6　太陽黒点数約 11 年周期における期間の長さと同谷期の黒点数水準の比較

太陽黒点数約11年周期は、18世紀中葉から、9年〜14年くらいの幅がある。そして、太陽黒点数約11年周期は、山が高いと期間が短く、山が低いと期間

7 これまでの考察再考 —— 117

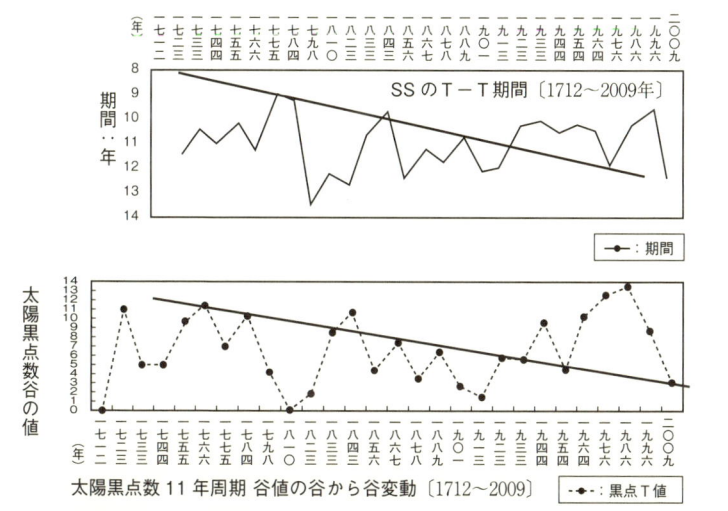

図7-8 太陽黒点数約11年周期における期間の長さと谷の値の変化における関連性
注：上図：期間の長さ（逆目盛）、下図：太陽黒点数約11年周期谷の値の変化。

が長くなる傾向がある。

　平均11年周期が基準であるから、単純な比較では、それより長いと相対的に低い山、それより短いと相対的に高い山とみることもできよう。

(1) この太陽黒点周期期間における長さの変動（逆目盛）は、北半球規模の気温変動に類似していることが公にされた（1880～1980年頃）。（増田公明「放射性炭素と太陽活動」太陽圏シンポジウム・STE研究集会、2008.1.28.）

(2) また、太陽黒点数約11年周期期間の長さ（逆目盛）の時系列変動（図7-8の上図）は、まぎらわしい表現であるが、太陽黒点数約11年周期の谷の値、谷から谷変動（下図）に類似していると考えられる。1750～1920年頃にかけては類似性が認められる。太陽黒点数約11年周期の期間変化と、同周期、谷の変化の間に有意の相関性が認められる。

　なお、この変動に関しては、右下がりのトレンドを使用してきたが、谷のトレンドが、このトレンド線の上にあらわれるようになってからは（1930年頃以後）、振幅に少し違いがあるものの、変動全体の特性は、類似したものがあると考えられる（図7-8）。

　太陽黒点数約11年周期の期間変化（逆目盛）と、その谷の太陽黒点数値

図7-9 太陽黒点数約11年周期の谷の変化と太陽黒点数長期変動の比較

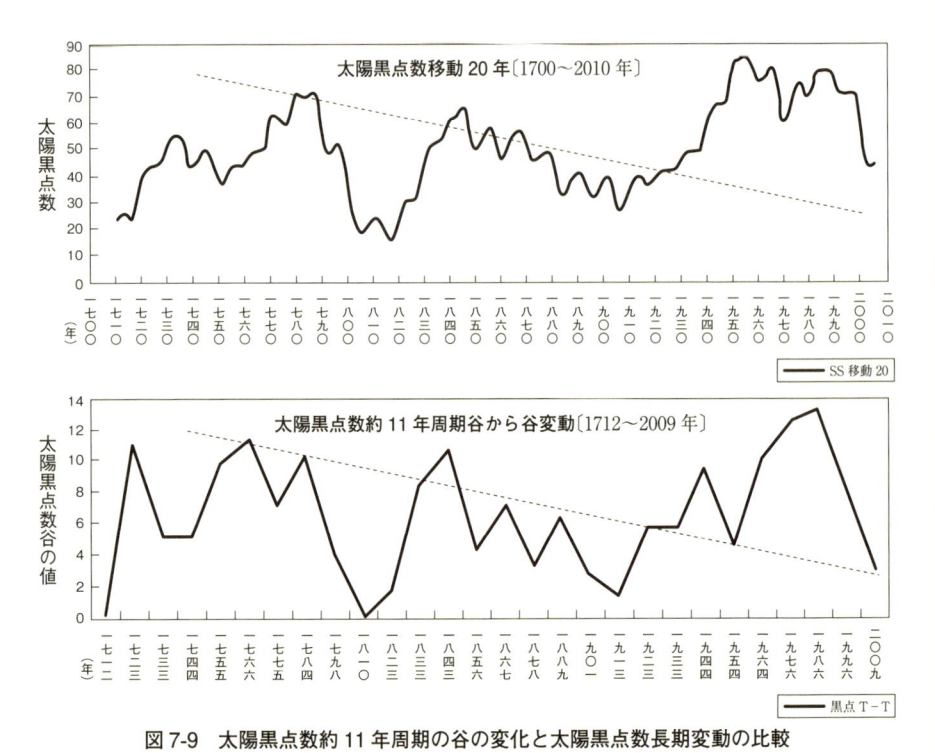

注：下の図：約100年ごとにゼロ水準近傍に収束。長期変動にもそうした特性はあらわれていると考えられる。(1710年頃, 1810年頃, 1910年頃, 2010年頃)

変化の間に、大まかな類似傾向が認められるという具体的事例は、寡聞である。有意の相関性があるように考えられる。詳細を提示するまでにはいたらないが、考察の余地があろう。（谷の山が高いと期間が短く、谷が深いと長くなる相対的関係が認められる）

(3) なお、関連して、太陽黒点数長期変動(20年移動平均)の軌跡と、太陽黒点数約11年周期の期間変化(逆目盛)を比較した場合、変動傾向に、ある種の類似性が認められると考える。

太陽黒点数長期変動の山高ければ、約11年周期の期間短く、長期変動の谷深ければ、約11年周期の期間が長い、という傾向の大まかな関係において、太陽黒点数長期変動と、太陽黒点数約11年周期の期間年数の間に、概略と

断った上で、類似性のようなものがうかがえる。

　逆目盛の期間変動が、太陽黒点数長期変動の傾向を示唆するとすれば、これもまた、特色になる可能性があると考えられる。(図7-8上図と7-9上図の関係)

　そのことは、逆説的であるが、太陽黒点数長期変動(移動20年)と太陽黒点数約11年周期の谷における谷の値の変動に、ある種の類似性がうかがえる可能性を示唆するものである。同じような傾向線を引くことで概要のイメージを得ておきたい。

7-7　太陽黒点数長期変動と5つの極小期

　先に、年代の範囲を1800年頃までとし、極小期4つのケースを紹介してきた。そこには、若干の迷いがあって、この範囲なら大丈夫かという考えであった。

　ここでは、改めて太陽黒点数極小期5つと、その特徴を指摘しておきたいと考える。
太陽黒点数10年平均値(700～2010年)の変動(実線)を示し、1380年頃(単峰型大振幅期)を対応基準期にして、太陽黒点数10年平均値の逆時系列・逆変動を点線で示して比較している。

　この変動図は、変動そのものは、半周期で把握できるから、その右半分を使用し、1380年頃に垂線をいれて、分かり易くしている。その上で、特徴を述べてみよう。

(1)　太陽黒点数長期変動の、大振幅期、小振幅期、それぞれ約100年周期を認識しよう。

(2)　太陽黒点数極小期は、主として、その小振幅期にあらわれ、それぞれ名称がついている。年代順に、オールト極小期、ウォルフ極小期、シュペーラー極小期、マウンダー極小期、ダルトン極小期がそれである。

(3)　そして、先に述べてきた要点は、大振幅期が、基準期(1380年頃)から、100年、200年規模の時を隔て、凹凸形でかみ合う傾向が強い点であった。10世紀から19世紀までででいえば、これはひとつの規則性に近い関係であると指摘してきた。

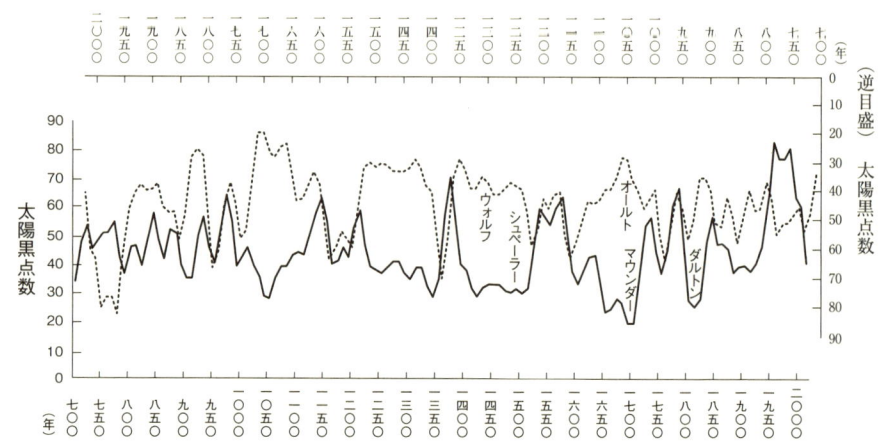

図 7-10　太陽黒点数 10 年平均値(700～2010)の正時系列, 逆時系列・逆変動と極小期の対応関係
注：SS10 年平均値の 2 期移動平均。

(4) そうした関係を前提に、その間に、はさまれて存在する小振幅期は、極小期が多く存在しており、それらは、過去の極小期と形が似ているとしてきた。U 字型(ウォルフ極小期、シュペーラー極小期)、そして V 字型(オールト極小期、マウンダー極小期)、更に、ダルトン極小期は、900 年頃の小振幅期に対応していると考える。

(5) こうした関係に照らし、15 世紀以降 3 つの太陽黒点極小期が、大まかにみて、それ以前における極小期の逆サイクルになっているという関係を提示しておきたい。

7-8　気候災害と太陽黒点

　歴史上の大きな伝染病や疫病、そして大飢饉や気候災害は、大・小含めると比較的多く報告されている。しかし、死者が 1 千万人を超えるような疫病、大飢饉となると、その事例は極端に少なくなる。19 世紀までの世界で考えると、人口規模は、今日考えるよりも随分少ない。日本の事例でみても、人口が 1 億 2 千万人を超えたのは 20 世紀後半のことで、江戸時代までは、日本の人口が 3 千数百万人程度であったと推測されている。

このケースを見てもわかるように、中世から近世の頃まで、普通の国という概念で把握すると総人口数は、今日考えるよりもはるかに少ない。そうした環境条件の多くは、気候環境、食糧収穫制約、保健衛生事情、安全保障などによるといえるかもしれない。中世以降の歴史に照らし、2つの事例を取り上げてみたい。いずれも、太陽活動の弱い、気候環境に恵まれない時代が想起される。

(1) 14世紀中葉から後半にかけて、ヨーロッパの、広範な地域で流行したペストの大流行と、それに伴う死者、2千万人〜3千万人といわれる大疫病災害である。一説では、ヨーロッパ総人口の、1/3程度が失われたとされている。このペスト大流行による災害で、ヨーロッパの人口減少が顕著に認められ、その後の、農業・流通産業・経済発展に支障をきたした、大流行病による災害として記しておくべきと考えられる。太陽黒点数長期変動は、ウォルフ極小期の過程にあって、中世温暖期の後を受け、気候環境に恵まれない、冷涼・湿潤な時代であったことが想定される。

　このペスト大流行は、時を経て、気候的には最も冷涼とした時代と考えられるマウンダー極小期において、1680〜90年頃に再び認められる。イギリスを中心に、ヨーロッパで、大きな被害を出したことが記されている。いずれも太陽黒点数の小振幅期を中心とした時代で、気候環境にも恵まれていなかったことが考えられる。

(2) 次に、これに相当するような気候環境悪化に伴う、事例を探してみると、19世紀後半の中国、インドにおいて、大飢饉が発生し、その影響を受けて、千数百万人の人が死亡している事例であろう。約1350万人という死者の数は、19世紀末という近代にいたっても、気候災害、大飢饉として、食糧収穫、食糧備蓄が、いかに難しいかを物語る悲しい事実であろう。

　一国において、食糧が少ないために、数百万人単位の人々が死亡する数年間、そうした状況が持続する大飢饉というものは、今日でも、忘れてはならない気候災害であると考えられる。干ばつ、冷夏などによる広域の異常気象が一定期間持続すると、高度重化学工業社会、情報化社会といえども、工業部門、流通産業部門で代替できるものではない。

太陽活動に恵まれた気候、そして穏やかな農業生産、穀物、果実、野菜などの豊かな収穫と備蓄は、時代をこえて、国内使用・自給率の7割程度以上を維持する水準で確保する必要性を示唆していると考えられる。国際交易の進んだ今日、比較優位製品や高付加価値製品に生産特化する傾向が目立ってきており、価格競争の故に、穀物はじめ農産品関連品は、日本など人口比における国土小国の先進国、新興国は、輸入に依存する傾向が強くなっている状況に照らし、見直しが必要である。

　異常気候や大飢饉は、大地震や大津波などに似て、災害は忘れた頃にやってくるでは許されない、太陽と光合成の恵みは、もっと重いものである。情報化社会の利便性と国際貿易の拡大する時代を迎えている。示唆する教訓の多くは、緊急輸入量程度では間に合わない、そうした大災害の数年間が断続的に繰り返す可能性を警告しているように考えられる。

7-9　気候変動・地球環境保全への想い

　自然の生態系システムは、太陽と地球の大地、森林、水、海洋などの力によって、光合成と食物連鎖の世界を築き、緑なす自然循環系のシステムを構築している。人間社会の科学が進歩し、巨大なエネルギーを得たとしても、その一部は、自然循環系の浄化システムに馴染まない以上、大幅な調整・制約もまた必要ではないだろうか。

　人間社会の歴史は、力の論理だけで発展してきたわけではない。そこには、天を仰ぎ、地に祈るような宗教・倫理観も介在したと思う。人もまた生物であり、限られたいのちの連綿とした連鎖である以上、歴史的文化と、科学の進歩を伝承・発展させてきた経緯の発露がある。

　そして、食糧確保、収穫保全を前提に、平和と安寧を祈り、持続可能な社会を維持することが、ひとつの課題であり、目的であった。少なくとも、イギリス産業革命以前の世界では、季節の移ろいと共に、種をまき、勤労を重んじ、季節の移ろう試練を経て、収穫を祝い、漁獲に感謝して、厳しい冬を越すために、忍耐強く耐える生活パターンを繰り返してきた。洋の東西、そう大きくは違わなかったといえる。

イギリス産業革命以来、工業化の進展と躍進は、先進各国において、農業型生活パターンを変えてきた。それは分業による経済効果と、国際交易、技術革新の大きな成果であろう。分担して組織でものをつくる発想は、その後、国際分業の普及と貿易の利益へ発展していく。大都市の多くは、工業都市近郊に形成されてきたし、都市の多くは相対的ながら沿岸域に沿っている。海運業との利便性を勘案すると、なお更そうである。国内交易、国際貿易に照らしてみると、ひとつの必然であろう。

　産業革命から約200年の時を経て、先進・新興諸国では、日常生活の利便性が増し、人工環境機能が充実して、高度大衆消費社会を享受する傾向がみられ、グローバル資本主義と、価格競争を標榜する国際貿易が普遍化してきた。一国規模で見れば、モノとカネの豊かな社会が実現してきた。特に、国際投機金融の経済支配傾向が目立つ。

　その一方で、働くことの意義が改めて問い直されながら、富裕層、貧困層における生活の質が違ってきている。将来を生きるための勤労という価値観は、厳然として基底にあるものの、多くは、生活の豊かさを競う時代になってきている。お金が求められる動機は、取引動機、予備的動機、投機的動機で代表されるが、投機的動機を目的とした巨額の資金が、国際金融の世界で、1分単位の利害競争をグローバルに繰り返すような経済は、自由競争といえども、ある程度の規制が必要になりつつある。

　IT,情報化社会において、自由と放任は、民主主義の旗の下において大切な制度である。しかし、巨額資金の投機目的資金の自由放任は、両刃の剣であるともいえる。為替差益だけで、巨額の損益が生じ、一投機機関による短期の株式取引が小国の財政資金を超えるような現実は、何かむなしさが漂う。

　日常生活の中には、まだ、博愛精神とか、人情とか、徳育、謙譲、慈悲・慈愛の精神といった習慣のなごりが感じられると思う。これは終身雇用の名残だという気がする。しかし、今日、企業社会において、まして国際競争を繰り返す巨大企業において、雇用と解雇は、表裏一体の観を呈しており、競争こそが尊い社会になってきている。価格競争に勝つことが経済的正義の旗を仰ぐのである。このような懸隔感が普遍化してきたのは、国際交易の進展が、経済・文化を合わせて、東西南北において交易し、文化、価値観の同質化がもたらされ

るようになった過程で生じてきたと考えられる。グローバル資本主義の拡大過程で、博愛や慈愛の余裕が排除されざるを得なかったという、金融支配、投機金融優位の側面がうかがえるのである。

　国際投機金融の時代と環境保全の時代は、接点領域が必ずしも多くない。価格競争社会や東西経済同質化の時代は、環境配慮の必要性を感じつつ、その余力が少ない試練の時代といえようか。

　この過程は、地球温暖化の時代と、ほぼ同じような軌跡をたどっている。資源循環型社会の表は、モノの豊かな経済社会であり、裏面は、廃棄物処理、リサイクル社会であった。その一方で、技術革新の飛躍的進展は、生産能力の拡大と新商品の競争的展開を招来させ、多くの場合、豊かさへの競争が人生の目的になってしまった。

　その結果、一部、金融投機経済といえるような状況が普遍化し、グローバル資本主義の趣が、国際投機金融や外為取引の流れにのって、世界中を走り回る経済状況になっている感じがする。

　地球環境という観点から、世界経済を展望すると、一口に、収穫に感謝するという価値観のあった長き中世の時代。そして本格的産業革命以降の１世紀を経て、モノの豊かな工業化社会と、大量消費の時代。更には、国際投機金融とグローバル資本主義が進展する、ポスト高度大衆消費時代がおとずれた。こうした社会環境の変遷は、デジタル社会がひとつの表象であろう。投機金融の隆盛が、デジタル社会、情報革新時代に融合して、農業部門、工業部門の伝統的経済部門が混乱してきている。その背景が、気候変動、環境問題といえよう。投機金融優勢の時代は、大衆消費経済とは競えても、気候環境変化とは競えない。金融スポーツ経済は、気候環境経済、つまり食糧自給率維持経済を忘れかけようとしていることへの警告となろう。

　気候変動、地球環境の時代は、循環型経済社会を標榜し、生物多様性と持続可能な発展、共生を求めているが、高度経済成長と持続可能な発展は、一部に、矛盾した本質を内包している。

　気候変動の影響とその変化は、気候環境と環境保全という観点でみた場合、今日でも大きくは変わっていないが、人間社会の生存維持と農業収穫が直結していた近代以前の時代に照らして、気候環境保全と実りへの感謝が、日常生活

の基調であった。18世紀以前の世界は、この農業収穫と分配の平穏が、社会のあり方をかえるほどの重さをもっていたと考えられる。歴史に記されるような市民革命の基底となる原因の多くは、気候変動などに基く、飢饉の頻発した時期や、分配の著しい不公平が蔓延した時代が多い。

　これらが、ひとつの転機を迎えたのは、農業を中心とした社会に、工業という産業が成功し、工業化社会が、先進社会に、ある程度同質化してきた19世紀後半からのことであると考える。工業化社会の特徴は、気候環境や季節変化に支配される生産環境条件が、農業部門に対し、大きく優っているという点で、生産が有利であり、動力革命とエネルギー革命、さらには国際貿易、国際金融を媒介する交通・運輸革命が連動するようになってからは、大都市と人口環境に代表されるような環境革命を付随させてきた。そして、金融の経済支配傾向が顕著になってきた。

　今日、重化学工業社会、情報・通信革命時代を振り返って、過去2世紀の工業化社会が、それ以前の農業社会千年の歴史より、はるかに優れているかというと、むつかしい問題もある。

　自然環境支配をこえ、気候環境を制御し、ものの豊かさを享受しても、人間は、先述したように依然として生物であり、気候と季節環境支配を超えるものではない。これは時間という制約の指標でもある。逆説的であるが、工業、金融は大きく進歩・発展しても、半球規模の光エネルギー代替には無理があろう。

　モノや社会資本が満ち満ちたとはいえ、個人の人間としてみれば、豊かさだけで生き甲斐を感ずるという性格のものでもない。博愛精神や慈愛の和みは、一部で、むしろ後退している可能性があると感ずる。

　古きも新しきも、時代を越え、洋の東西をこえて、人間個人としては、唯物的欲望と唯心的向上は、2つでひとつのこころであった。そして、生物多様性と共生の時代は、先進世界が高度大衆消費時代の教訓から得たひとつの結果であり、一木の四季に想いを致す、懐かしくも近世までの郷愁であったと思われる。

　現在における世界の大都市人口に眼を転じてみよう。先進国は、各国の産業革命以来、工業化と都市形成が、ほぼ並行したような推移になっているが、それは人口の急激な増加と軌をいつにしている。ほぼ19世紀以降のことで、歴

史的にそう古いことではない。しかし、大都市の人口構成という観点でみれば、東京圏の人口：約3,500万人という大都市圏総人口が抜きん出ている。日本の総人口が約1億2,500万人であることを勘案すると、総人口の約1/4が、首都圏：東京に集中していることは、ある意味で異常な時代を過ごしているような感じがしている。人口大国の新興国やアメリカ、ヨーロッパを入れて比較しても、大都市圏の人口が3千万人を超えているのは東京だけだと考えられる。

　首都を含む大都市は、多くが、政治、経済、文化などの中心地か、その近郊である。大きな気候変動や地球環境変化、そして、予期せぬ大災害をある程度、予測した都市づくりの構想が優先的に先行している地域である。日本は、2011年3月11日に、東日本大震災があり、大きな地震、大津波、それに伴う福島原発事故による放射能汚染災害を引き起こした。これにより、天災、人災の歴史的広域複合被害が生じた。歴史的評価を受けるのは、これから数十年持続する被害の過程でなされるという恐ろしい状況推移になってきている。

　こうした現実を前にして、東京の人口があまりにも多すぎるのではないかという、素朴な疑問である。格別の意図はない。しかし、世界中で、日本の首都圏、東京の総人口だけが、突出しているように思われるのである。第2次大戦後の急速な経済成長の結果を反映して、都市災害構想や数世紀にわたる戦略的都市構想が固まる前に、首都圏の人口増加とビルや構築物発展が先行していたのかもしれない。

　いずれにしても、関東大震災クラスの大地震や大火災、東海・関東沖海底大地震に伴う津波被害を想定すると、政治、行政、経済・金融、文化などの一極集中があまりにも進みすぎていると思われる。過ぎたる利便性は、時に不幸を加重することにならなければいいがという思いは、余計なお世話なのであろうか。世界の大都市は、予期せぬ大災害に対し、どのような対策を採ってきているのか、特に、過密な人口構成と都市機能、ライフライン確保などの点から心配である。個々の企業や組織が、独自に築いているような非常時のバックアップや代替機能という水準の話ではない。交通、電力、通信網破損・損壊、水・食糧不足、幼児保全、後期高齢者介護不安などが、緊急の問題となるような災害に対する具体策である。

これらに対する行政サイドの万全の対策と準備を疑うものではない。しかし、首都圏、約3,500万人という人口規模を勘案すると、はたして、こうした巨大人口圏の大災害に、具体的な安心できる対策、備蓄、食糧補給、道路・交通手段確保・維持、通信・連絡網維持、生活保全・安全性確保など、可能なのだろうかと、素朴な心配が消えない。

　中世の薪エネルギーの時代から、近代科学の化石エネルギーの時代、そして現代の、ソーラーエネルギー、風力、地熱、水力・エネルギー、バイオ・エネルギー、燃料電池などへ志向した時代、基本のところは、自然循環系における生態系システム見直しの時代と思われてならない。そういう地球環境保全の時代が訪れている。そうした状況に照らし、東京の人口における一極集中傾向は、大所高所において、再度、見直される時期にきている感じがする。夜空に夢を飾るようなことばかり描いてもいけないので、庶民の関わることではないという思いをかみ締めながら記しておきたい。

　生物学には、二つの途があるように思う。ひとつは、分子生物学の純粋学問分野。二つには、フィールドワークに関わる生態学、動物行動学などの分野である。広く、科学の分野で、こうした専門分野との格差傾向が強すぎる時流に鑑み、最先端の分野以外は相対的に高い評価対象になりにくく、実用性に乏しい傾向があるとする気配の社会風土が寂しい、デジタル化社会の白黒を優先する、その痛みのようなものを憂鬱に感じている。

　西洋が騎士道といい、日本が武士道と言った精神性は、いま地球環境道として、東西融和の精神性を育んでいる。限りなく続く科学万能と、パワーの時代が優勢であるものの、限りある生命の連鎖・連携は、自然の摂理に和する環境側面を省略できない。

　ソフト・エネルギーの時代と、環境に優しい動力の時代が汎用化する転換期にきている。過去の歴史が、100年、200年規模で示唆してきた時代選択は、次が、気候と社会変動、地球環境の時代であることを指し示しているように思われる。古くて新しい選択は、奇しくも、デジタル社会、ITと情報化の風に乗って、洋の東西文明を同質化する方向性を育みながら、気候環境のもたらす厳しさが忘れ去られようとしている時代から、拡大再統合されつつあるように感ずる。そうした足音のような響きがこだましている。

話が、相前後して恐縮だが、IT・情報化社会が躍進する中で、環境問題、自然環境の時代と現実経済社会の格差が生じた感じがしている。高度大衆消費時代のモノあまり社会との懸隔とは、また少し違った状況で時代が推移しているように感ずる。そして、2000年頃から、持続可能な発展と生物多様性、ならびに共生の認識が広まってきた。

　これらは、地域観光の推進とエコツーリズムなどが見直されながら、ビオトープ構想の具体化などで、生物多様性と自然との共生が、ささやかながら、ひとつの流れを形成していく勢いをつけ始めた傾向である。都会も地方も忘れかけていた、里山や里地における緑のフィールドと、季節の生き物が見直され、エコ・システムや生物多様性の大切さが、地域の絶滅危惧種などの保全活動と共に、広まっていった経緯がある。小動物調査、野鳥観察、昆虫・自然観察などのモニタリングにおいて、地味な分野が少し元気を取り戻そうとしていた。そうした気配というものが感じられた。素朴な共生への回帰傾向である。

　大規模な開発事業などにおいて、環境アセスの側面から、スコーピングやスクリーニングが必要になってきた時代、生物希少種の保全は、ラムサール条約の事例にも見られるように、開発と発展の陰で、緊急の課題になってきていた。自然観察と自然環境保全は、もう後がないほど、追い詰められていた状況において、COPやIPCCの国際機関による、温暖化問題と生態系維持、自然環境保全、生物多様性への啓蒙によるところが大きい。生態学の復権が、バイオ・エネルギーや、広く生薬の分野へと関わっていたことは、ある意味、皮肉な関係であった。

　日本は、2011年3月11日、東日本大震災とその大津波によって、歴史的被害をこうむった。人的被害、三陸沿岸都市の壊滅的被害、約400キロメートルという、広域の沿岸部において、約2万人の死亡、沿岸部の建物・家屋、構築物、接岸船舶の多くまでが、被災したことを考えると、これは軽々に記せるようなものではない。むしろ、しばらく何もいえないというのが正直なところである。

　しかし、福島第1原発が、M9の三陸沖地震と、その大津波によって大きな被害をこうむった。そして3炉がメルトダウンし、その結果、大規模な放射能汚染を引き起こすことになってしまった。広域の被害であることが報道されて

いる。自然大災害に起因するもので、不可抗力の側面があるものの、放射能汚染は、その途中の過程を問わない。そのことを勘案して、人間社会への長期にわたる、眼に見えない汚染、米・野菜、果物をはじめ、動植物、陸上、海洋生物への汚染、自然生態系全般に及ぼす放射能汚染、その影響は10年間をはるかに超えるとされている。これらを日常生活に反映させなければならない以上、そして、身体の五感で分からない以上、この不安は、例えようがない。どうしようもなく、限りないむなしさを宿すものである。

　地球環境保全の時代が叫ばれながら、生物多様性の時代を標榜して、人間社会における、健康への影響はもとより、里地、里山の生態系が、建物、道路、田畑、山地、河川、湖沼、海岸、海洋、そして、そこに棲む全ての生き物に影響するという怖さは、自然との共生、食物連鎖などに照らして、人為的に出来ることは限られているというほかはない。太陽の光エネルギーで形成されている、自然循環系生態系は、このような矛盾というものがない。生物多様性を維持しながら、時間の経過はゆっくりでも、種の共生を維持してきている。気候変動などに伴う環境変化はあるものの、生物の進化、適応を待ちながら一定の生態系を維持してきている。この安心感が、もともと大自然の恵みであった。

　このあたりのことは、みんな認識し、その思いを共有している。しかし、日常生活のなかで、この常識が失われた現実の怖さが身にしみてきている状況が淋しい。

あとがき

　太陽黒点数約 11 年周期を久しく眺めてきた。そして、その短期循環、準 5 年周期、中期循環、さらに長期循環や長期波動を認識しながら考察してきた。さらに経済変動や大気・気候変動ならびに社会変動などと比較しながら、その変動性や周期性などについて検討してきた。

　こうしたなかには、太陽黒点数約 11 年周期変化や、その増分変化と南方振動／エルニーニョ(ENSO)における準 5 年周期に関する考察が含まれる。また日本の景気動向指数との変動比較などがあげられる。これらの多くは、以前考察した要約を含んでいる。

　そして、中期循環については、太陽黒点数約 11 年周期の上昇局面変曲点あたりで、世界の経済成長率が低下傾向を示す周期性などについて考察した。夢を宿して越えてはいけない領域を幾つもこえたような気がしている。

　なお、それより長期の波動、50～60 年周期については、コンドラチェフ波の概念を使用したが、具体的考察は省略した。そして太陽黒点数約 11 年周期における周期番号 6 の倍数期(6n 期の周期)については、長期変動の転換期に関わっているとして、その特異な変動周期性などを考察してみた。

　更に、長期の約 100 年周期については、覇権国家交替周期(モデルスキー・サイクル)との関係を比較しながら、気候と経済・社会変動の周期性を比較・展望してきた。

　社会科学の分野で、太陽黒点をもちだす事は、ある意味で先を諦めるようなところがあった。景気循環などの学説において、当該分野の学説は今日でもかなり少ない。マイナーな分野であろう。

　また、20 世紀型経済社会は、発展と成長が基調になっていた。科学と工業化こそが豊かな社会を実現し、人間社会のために自然を開発することが、ある意味で共通の認識になっていたかもしれない。高度大衆消費社会の到来は、人々にそれを体験させる格好の材料になっていた。それでも、伝統的な経済学は、地域や一国において、生産要素の一部はその境界を越えないという、暗黙

の了解が前提になっていたように感じている。

　グローバル資本主義は、この境界を軽々と越え、自由競争市場を拡大しながら、広く世界全体を経済競争の場に解放していったことになろう。世界共通基準で、より効率的に、より安く生産し、流通させるスポーツ経済学の手法が汎用化してきたようにも感じられる。競争至上主義が、ここまで徹底された経済社会は、20世紀後半まで少なかったといえる。金融投機資本の優勢は、こうした時代背景を基にして、益々、隆盛化することになった感をいなめない。

　このような潮流の中で、依然として19世紀型の手法で、太陽黒点数変化を追っていると、具体的な連続データが存在しない時代は、どのようになっていたのだろうかという関心から、歴史の時代をさかのぼる、太陽黒点数極小期の時代に関心が移っていった。数十年間も太陽黒点が認められない、あるいは、時折、顔を出す時代、太陽黒点というイメージは随分違っていたと思う、20世紀後半に生きてきた者として、この時代を推測してみることは怖いもの見たさの実感であった。

　しかし、取り付くしまがなかった。どこからどう入っていけばよいのか、文系の立場からは、古老の昔話に近い夢ものがたりの世界であった。少なくとも私にはそのような感じがした。

　そこで、意を決して、10年平均値の太陽黒点数変動図を作成し、約200年程度の大まかな周期性を目途にして、変動傾向と周期性における類型化をはかり、大振幅期の約100年、小振幅期の約100年に照らして太陽黒点数長期変動を概念区分してみた。そして、各10年頃を大・小振幅変動が区切りを付ける、太陽黒点の約100年周期とした。また、小振幅期の約80年頃を目途に、太陽黒点の約200年周期とした。これらを参考にして、オールト極小期、ウォルフ極小期と、14世紀後半を基準期にして、シュペーラー極小期、マウンダー極小期の変動性を比較しながら、大まかな逆時系列・逆変動性を考察してみた。その場合、当該期の下降トレンドを織り込んだ推移とした。ここにおける主役は、長いときを隔てて、大振幅期が相互に、くしの凹凸がかみ合うように、対応してくる特徴のある周期性であった（900～1800年頃）。

　そこで、時を隔てた大振幅期のかみ合わせに、ある種の規則性を感じて、そ

の間の極小期(小振幅期)形状が、逆サイクルであらわれる関係の可能性を指摘してみた。こうした、年次データもない時代を扱うことは、現役の時には許されなかったことだと感じている。

　そうこうしているうちに、地球環境問題は、学際領域において、先進諸国全体の課題として表舞台に登場してくるようになった。いわゆる温暖化問題や資源循環型社会の見直し、持続可能な発展、再生可能な資源などへの関心の高まりなどがそれである。
　太陽黒点数変化は、太陽活動の指標として、元々、ソーラー・エネルギーと密接な関係をもっている。人間社会を含めた生態系全体が、太陽活動の影響を受けており、植物と光合成、食物連鎖ひとつとっても、その影響がないとはいえない。人間社会は別だという場合、それは、人間社会が生物多様性における、自然との共生を否定することになり、素朴に考えると受け入れようがない。太陽活動は、地球の大気循環や気候変動などにかかわっており、生産、収穫変動などに影響を与えている可能性は全く否定されるものではないと考えている。
　歴史的時系列変化において、経済発展や経済成長の過程が一貫しているのであれば、景気循環や経済変動は、地球環境問題などに災いされることなく、ほぼ安定的に制御されるはずである。しかし、プラザ合意以後の経済状況をみても、アジア金融危機や、リーマンショック後の世界経済のデフレ傾向、国際投機金融の一部迷走気味などに認められるように、安定成長の傾向はうすい。更には、EUにおける南欧諸国の財政危機問題、日本におけるGDPの約2倍におよぶ累積財政赤字問題など、金融・財政政策がうまく稼動しているとは思われない経済状態が続いている。貨幣供給の量的統制においても大きくはかわっていない。
　こうした動向と、アラブ諸国の民衆化・民主化のうねりなどを勘案すると、これらは歴史的にみて、ヨーロッパの過去に照らして、名のある市民革命に近い規模のものであり、因果関係を理論だって整然と説明できるようなものではない感じもする。歴史の推移には、こうした長期変動の枠を超え、一部、歴史の脈動と記すようなものも生じるといえるかもしれない。

横道にそれてしまったが、太陽黒点と何の関係があるかといわれると、まことに苦しい。気候変動の転換期や、太陽黒点数変化に照らしてみれば、6n期に、こうした社会変動が多いという指摘をしてきた。それは、モデルスキー・サイクル末期の特徴でもあると考えている。覇権国家といえども、長期でみれば、隆盛と衰退を繰り返しており、そのひとつの周期が約100年強というモデルスキー・サイクルであった。太陽黒点数の変動周期が、そのまま符合するわけではないが、ここでは、6n期の変動循環性にかかわる特徴などを述べた。

そして太陽黒点の100年周期については次のように述べてきた。太陽黒点数約11年周期の谷から谷変動を考察すると、その谷は約100年おきにゼロ水準域へ収束しており、これは全体の変動にも反映している。例えば、太陽黒点数約11年周期の7期移動平均図などを見ると、基底部の変動において、太陽黒点約100年周期が分かりやすい。この太陽黒点約100年周期というのは、意外と認知されていない。その点を再度述べてみた。

また、この黒点数約11年周期変動を用いて、太陽黒点周期におけるNO.13〜NO23頃までの山の値を大まかに予測し(図6-10、6-12など)、その関係を提示した。また、先に述べた、谷の周期性とは別に、谷の値は、1933〜2009年頃にかけて図6-4などで予測してみた。

いずれも過去の変動を大まかな予測で検証した形であるが、太陽黒点数変動に関する規則性に関わる観点からは、意義が認められるかもしれない。近い将来の予測可能性と合わせて考えると、一部の期間とはいえ、黒点数約11年周期の谷値と山値を、傾向として把握することは、示唆に富んだものと考えられ、ひとつの成果になるかもしれない。太陽黒点数の約11年周期における谷期の値、山期の値を1930年頃から70年頃まで、そして一部、2010年頃まで、大まかながら事後的に予測してみた試みは、その間の変動過程の概念を含んでおり、周期性だけでない含みをもっていると思われる。太陽黒点数変動に、ある種の規則性のようなものが認められるか否かについて、部分的にでもあれ、参考の糸口になればと思っている。

なお、気候・社会変動とのかかわりについて少し述べておきたい。シュペーラー極小期やマウンダー極小期の時代は、そのなかに、気候の面から見ても相

対的に寒冷な時代の存在が知られており、疫病の蔓延による死者の増加が、その後の社会倫理観などへ影響した可能性がうかがえる社会の変遷と推移になっている。また、イギリス、フランスなどにおける市民革命が、見方によって、気候適期にあらず、小麦やブドーなどの主要農産品の収穫に著しく恵まれない時代背景をもっていた可能性が考えられる。これらは、食糧確保と生存維持という視点から、大きな市民革命の中に、何らかの形で気候悪化や収穫不良(凶作連鎖)の断続的負の効果が重なった時期として反映されているように考えられる。

太陽黒点のマウンダー極小期やダルトン極小期を勘案してみると、気候変動と社会変動の関係は、経済変動などに照らし、もう少し前面に出て、明示的に語られる可能性をもっているように感じている。

ひるがえって、日常生活における気象や気候に眼を転じてみると、季節の変化に関心がある。北半球中緯度帯以北において、季節の移ろいは農耕収穫のあり方を決めてきた一大要素と考えられるのである。飢饉や気象災害などにより、例年どおりとはいかない収穫変動はあっても、農業社会は、春を待って種をまき、辛抱強く農耕作業を続けて、秋から晩秋にかけて収穫するのが主たる生産方法であった。秋に種をまく作物もあるが、いずれにしても約半年をお天道様の日差し、降雨にゆだねる素朴な生産方法が基調になっていると考えられる。主食穀物や主要果実の大半は、こうした季節の変化に依存した大自然の力に左右されるところが大きい。この季節の変化をもたらすものについて大人は多くのことを語らない。

重化学工業の時代、高度情報化・デジタル社会になってからは、なおさらその傾向が強い。モノは工場でつくるもので、農業などは、農業近代化と農薬使用、技術進歩などで大量生産すれば、飢饉のときも輸入で済むという見方が普遍化していると思う。

しかし、歴史が示唆する相対的寒冷期や太陽黒点極小期の一部の時期は、広域の気候悪化などに伴い、冷夏の連続が怖い。ペストなど疫病の流行や、大凶作が数年おきに頻発する時代があったことを示唆している。これらは工場で生産増加に努めれば追いつくという性格のものではなく、厳然として天然自然の

恵みによるところが大きい。20世紀後半は、地球温暖化傾向が認められた時代であり、冷涼とした気候が支配的な年が断続的に続く経験に乏しい。世界の人口が60億人から70億人へ増加するような時代背景において、古くて新しい食糧・資源危機問題は、気候変動という長期の観点から見直しが必要と考えられる。IPCCやCOPなどによる専門家の研究・啓蒙活動だけでなく、環境問題と並行した市民の共通認識が求められる時代にきていると思われる。

　気候変動などに伴う、食糧・資源危機は、高度大衆消費社会、高度情報化社会の中で、想定外のこととして、稀にみる気候災害では許されないことになろう。主要食糧を代替する工業生産という概念は、直接的には結びつかないからである。こうした長期気候変動や歴史に残るような社会変動に、何らかの周期性というものがあるとすれば、太陽黒点数の長期変動なども、そのひとつの指標になる可能性があると思いながら、粛々と考察を続けてきた。

　　　2012年6月15日

　　　　　　　　　　　　　　　　　　　　　　　　　　住　田　紘

図表一覧

表1－1　太陽黒点(チューリッヒ番号6n期の特徴)と覇権国家周期の関係 ……… 15

図1－1　太陽黒点数増分変化と南方振動指数(SOI)の関係
　　　　(エルニーニョ発生周期) ……… 3
　　2-A　太陽黒点数約11年周期と南方振動指数(SOI)の準5年周期 ……… 4
　　2-B　太陽黒点数約11年周期と南方振動指数(SOI)で読む
　　　　ラニーニャ発生期 ……… 4
　　3　太陽黒点数増分ゼロ水準域におけるエルニーニョ発生と
　　　　ラニーニャ終息イメージ ……… 7
　　4　太陽黒点数前期比増分と日本の景気動向指数(DI先行指数) ……… 9
　　5　太陽黒点数約11年周期・同増分変化・南方振動指数・日本の
　　　　景気動向の関係 ……… 9
　　6　太陽黒点数約11年周期・同増分変化・南方振動指数・世界の
　　　　経済成長率の関係 ……… 11
　　7　太陽黒点数約20年周期と日本の経済成長率におけるクズネッツ波
　　　　……… 13
　　8　太陽黒点数10年移動平均(1700〜2010年)と長期波動
　　　　(50〜60年周期)イメージ ……… 14
　　9　太陽黒点数約100年周期(各10年頃) ……… 17
　　10　太陽黒点数の大・小振幅期各100年・200年周期概念図 ……… 18
　　11　太陽黒点数長期変動(移動20)と逆時系列・逆変動の関係
　　　　(1749〜2004年) ……… 18

　2－1　太陽黒点数の長期変動と代表的極小期(300〜2010年) ……… 22
　　2　太陽黒点数長期変動(1750〜2000)の規則性と変動転換期の概念
　　　　(SS移動20年) ……… 23
　　3　太陽黒点数長期変動(20年移動平均)の正時系列変動と
　　　　逆時系列・逆変動 ……… 25

	4	太陽黒点数約11年周期(1700〜2010)における谷から谷の約100年周期(下の実線)と長期変動(20年移動平均：点線) ⋯⋯ 26
	5	太陽黒点数約11年周期における谷の変動(1712〜2009年) ⋯⋯⋯ 27
3-1		太陽黒点数10年平均値(2期移動平均)の推移(900〜2010年) ⋯⋯ 31
	2	太陽黒点数200年周期(大・小振幅期80年頃) ⋯⋯⋯⋯⋯⋯⋯⋯⋯ 33
	3	太陽黒点数の100年周期(大・小振幅期10年頃) ⋯⋯⋯⋯⋯⋯⋯ 34
	4	太陽黒点長期変動の正・逆時系列変動 (対応期：1680年頃：6n期) ⋯⋯⋯⋯⋯⋯⋯⋯⋯⋯⋯⋯⋯⋯⋯⋯ 38
	5	太陽黒点数増分変化における200年周期(頭2桁偶数期の10年頃) ⋯⋯⋯⋯⋯⋯⋯⋯⋯⋯⋯⋯⋯⋯⋯⋯⋯⋯⋯⋯⋯⋯⋯⋯⋯⋯⋯⋯⋯⋯ 39
	6	太陽黒点長期変動の正時系列変動と逆時系列・逆変動の図 (対応期：1380年頃) ⋯⋯⋯⋯⋯⋯⋯⋯⋯⋯⋯⋯⋯⋯⋯⋯⋯⋯⋯⋯ 43
	7	時系列期間を長くした太陽黒点数10年平均値の長期変動 (700〜2010年) ⋯⋯⋯⋯⋯⋯⋯⋯⋯⋯⋯⋯⋯⋯⋯⋯⋯⋯⋯⋯⋯⋯ 44
	8	太陽黒点長期変動の極小期2つの変動特性(200年周期でU字型、V字型に、ある種の規則性が読み取れる ⋯⋯⋯⋯⋯⋯⋯⋯⋯⋯⋯ 46
	9	太陽黒点長期変動と前期比増分変化(1300〜2010年) ⋯⋯⋯⋯⋯ 48
	10	太陽黒点数約11年周期の谷を抽出した変動(1712〜2009年) ⋯⋯ 50
	11	年次データ処理による太陽黒点数約11年周期における 谷から谷の変動と逆時系列・逆変動の関係 ⋯⋯⋯⋯⋯⋯⋯⋯⋯ 50
	12	太陽黒点数移動20年の正時系列と逆時系列・逆変動図 ⋯⋯⋯⋯ 52
	13	太陽黒点数約11年周期における谷値の谷から谷への変動 (実線)と逆時系列・逆変動(点線) ⋯⋯⋯⋯⋯⋯⋯⋯⋯⋯⋯⋯⋯ 52
	14	太陽黒点数約11年周期の谷を結んだ谷の変動(1712〜2009年) ⋯⋯⋯⋯⋯⋯⋯⋯⋯⋯⋯⋯⋯⋯⋯⋯⋯⋯⋯⋯⋯⋯⋯⋯⋯⋯⋯⋯⋯⋯ 53
	15	太陽黒点数約11年周期の谷から谷変動図：逆時系列・逆変動 との関係を網かけ図で補完提示 ⋯⋯⋯⋯⋯⋯⋯⋯⋯⋯⋯⋯⋯⋯ 54
	16	太陽黒点数長期変動の概念イメージと大振幅の凹凸形状特性 ⋯⋯ 55
4-1		太陽黒点数長期変動における極小期のイメージ(1300〜1800年) ⋯⋯⋯⋯⋯⋯⋯⋯⋯⋯⋯⋯⋯⋯⋯⋯⋯⋯⋯⋯⋯⋯⋯⋯⋯⋯⋯⋯⋯⋯ 62
	2	太陽黒点数約11年周期谷から谷の変動と逆時系列・逆変動の関係

における経済混乱期近傍の特徴 ………………………………… 65
　　3　太陽黒点数の10年平均値の2期移動平均における10年頃の特徴
　　　　：各10年頃の約100年周期 ………………………………………… 69
　　4　太陽黒点数大・小振幅の約100年周期と社会変動 ……………… 71

5-1　太陽黒点数6n期の循環性イメージ ……………………………… 75
　　2　太陽黒点数20年移動平均図と6n期 ……………………………… 78
　　3　太陽黒点数20年移動平均図：（正時系列変動と逆時系列・逆変動
　　　　の対応図）………………………………………………………… 78
　　4　覇権国家交替期における太陽黒点数水準 ……………………… 79
　　5　太陽黒点数6n期の半周期における振幅循環概念図 …………… 81

6-1　太陽黒点数の正時系列と逆時系列・逆変動における約40年周期
　　　 ………………………………………………………………………… 86
　　2　太陽黒点数10年移動平均値で山を代替した変動イメージ ……… 87
　　3　半周期で示す谷から谷値の正時系列と逆時系列の関係 ………… 88
　　4　太陽黒点数の谷～谷変動において、ボックス図の特徴を活かし
　　　　a期の変動でb期の変動を大まかに予測する関係 ……………… 90
　　5　太陽黒点数約11年周期における山の変動：正時系列（実線）と
　　　　逆時系列・正目盛変動（点線）の比較 ………………………… 92
　 6-A　太陽黒点数約11年周期における山の変動：正時系列と
　　　　逆時系列・逆変動の場合 ………………………………………… 94
　 6-B　太陽黒点数約11年周期における山の変動：正時系列と
　　　　逆時系列・逆変動の関係 ………………………………………… 95
　　7　太陽黒点数10年平均値の正時系列と逆時系列・逆変動
　　　　（800～1850年頃）………………………………………………… 96
　　8　太陽黒点数約11年周期の7期移動平均における正時系列変動
　　　　と逆時系列・逆変動 ……………………………………………… 98
　　9　太陽黒点数約11年周期　対象期間（1800～1970年頃）………… 100
　　10　太陽黒点数約11年周期の山に関する予測（1790～1975年頃）
　　　　 ……………………………………………………………………… 101
　　11　太陽黒点数約11年周期（1700～2010年）の山における
　　　　正時系列変動と逆時系列・逆変動（基準期：NO.12）………… 103

12	太陽黒点数約 11 年周期(1700 ～ 2010 年)の山における正時系列変動と逆時系列・逆変動(1970 ～ 2010 年頃)	105
7 - 1	太陽黒点数長期変動レーダー図(900 ～ 1800 年)	106
2	太陽黒点数 20 年移動平均正・逆変動の網かけ図	108
3-A	太陽黒点数約 11 年周期(1712 ～ 2009)における谷の変動とトレンド	109
3-B	太陽黒点数約 11 年周期(1712 ～ 2009)における谷の変動予測(点線)とトレンド	109
4	太陽黒点数 20 年移動平均正・逆時系列図:便宜上の図	112
5	太陽黒点数約 11 年周期における谷から谷変動と山から山変動の関係	113
6	太陽黒点数 20 年移動(1700 ～ 2010 年)正・逆サイクルの周期性	115
7	太陽黒点数 20 年移動における正・逆時系列変動の周期性	116
8	太陽黒点数約 11 年周期における期間の長さと谷の値の変化における関連性	117
9	太陽黒点数約 11 年周期の谷の変化と太陽黒点数長期変動の比較	118
10	太陽黒点数 10 年平均値(700 ～ 2010)の正時系列, 逆時系列・逆変動と極小期の対応関係	120

＊著者紹介＊

住　田　　紘（すみだ　ひろし）

1942年山口県に生まれる。同志社大学経済学部卒業。
関西大学大学院経済学研究科博士課程満期退学。
その後、東亜大学に長年勤務し教授で2008年に退職。
博士(学術)、東亜大学名誉教授。

主要著書　『気象・太陽黒点と景気変動』同文舘出版
　　　　　『増補 経済変動と太陽黒点』ナカニシヤ出版
　　　　　『地球環境変化と経済長期変動』同文舘出版
　　　　　『下関港の韓国貿易研究』ナカニシヤ出版
　　　　　『太陽黒点と歴史の脈動』文芸社

太陽黒点と気候・社会変動

2012年9月25日　初版第1刷発行　　　定価はカバーに表示してあります。

著　者　　住　田　　紘
発行者　　中　西　健　夫

発行所　　株式会社ナカニシヤ出版
〒606-8161　京都市左京区一乗寺木ノ本町15番地
電　話　075-723-0111
FAX　075-723-0095
振替口座　01030-0-13128
URL　http://www.nakanishiya.co.jp/
E-mail　iihon-ippai@nakanishiya.co.jp

落丁・乱丁本はお取り替えします。　　ISBN978-4-7795-0684-0 C3044
Ⓒ Sumida Hiroshi 2012　Printed in Japan
印刷　ファインワークス／製本　兼文堂

本書のコピー，スキャン，デジタル化等の無断複製は著作権法上での例外を除き禁じられています。本書を代行業者等の第三者に依頼してスキャンやデジタル化することはたとえ個人や家庭内の利用であっても著作権法上認められておりません。